JN029350

ロヴェッリ
一般相対性理論入門

Relatività Generale

カルロ・ロヴェッリ 原著

真貝寿明 訳

森北出版

RELATIVITÀ GENERALE
by Carlo Rovelli
©2021 ADELPHI EDIZIONI S.P.A. MILANO

Japanese translation rights arranged with Adelphi Edizioni, Milano,
through Tuttle-Mori Agency, Inc., Tokyo.

●本書のサポート情報を当社 Web サイトに掲載する場合があります．下記の
URL にアクセスし，サポートの案内をご覧ください．
https://www.morikita.co.jp/support/

●本書の内容に関するご質問は下記のメールアドレスまでお願いします．なお，
電話でのご質問には応じかねますので，あらかじめご了承ください．
editor@morikita.co.jp

●本書により得られた情報の使用から生じるいかなる損害についても，当社およ
び本書の著者は責任を負わないものとします．

序　文

　世の中には，私たちを強く感動させる絶対的な傑作が存在する。モーツァルトのレクイエム，オデュッセイア，システィーナ礼拝堂，リア王——これらのすばらしさを理解するには，時として見習い期間が必要になるかもしれない。しかし，これらの作品は純粋な美しさをもち，しかもそれだけではなく，私たちに世界の新しい見方を与えてくれる。

　アルベルト・アインシュタインの宝石である一般相対性理論は，そのような傑作の一つだ。

　この薄い本書では，一般相対性理論を，その概念的な構造と基本的な結論を含めて簡潔に紹介する。

　アイデアに焦点を当てた説明を心がけ，詳細は省いている。主要な結果は，長い数式による計算を行わずに，もっとも単純な形で導き出す。私の独自の考察がいくつか含まれていて，いくつかのトピックは，ほかの本では簡単に見つけられない独自の観点から説明されている。最後の章では，量子重力に関する基本的な考え方を紹介する。本書は，一般相対性理論の重要なアイデアと結果を学ぶのに適している。ただし，その膨大な内容を熟知する専門家になる野心のない人向けだ。

　また，この本は，**概念**の明確さを添える意味で，多くの他書の補足としても使うことができる[†1]。本書では，私がいま理解している形で一般相対性理論を説明する。私は，これが理論の量子的側面に取り組むための最良の視点を提供

[†1] 優秀で向上心のある学生は，同じトピックに関する多くの本を調べることだろう。私がいまも参考にしている二つの古典は，ボブ・ウォルト (Bob Wald) の『一般相対性理論』 (‘General Relativity’) と，スティーブン・ワインバーグ (Steven Weinberg) の『重力と宇宙論』 (‘Gravitation and Cosmology’) だ。前者は，数学的に記述され，幾何学的な視点を強調し，多くの高度な内容に触れている。後者は，幾何学を強調しない形だ。最近の教科書では，ショーン・キャロル (Sean Caroll) の『時空と幾何学』 (‘Spacetime and Geometry’) と，ルイス・ライダー (Lewis Ryder) の『一般相対性理論入門』 (‘Introduction to General Relativity’)

するものと信じている。

　数式と数式の間の単純な計算過程は省略し，代わりに [示せ！] というテキストで示す。物理学者が数学をたどるときによく行うように，読者は著者を信頼してかまわないし，実際に計算を行って技術的能力を習得することもできる。そのように自分で手を動かす学生は，相対性理論の技術を実際に体験していくことになるだろう。練習問題が好きなら，一般相対性理論の問題集がいくつかある†2。本書で*付きで記載した項目は，メインとはいえない境界上のトピックだ。

　多くの訂正とテキストのイタリア語への翻訳をしてくれた，Pietropaolo Frisoni に感謝する。最初の原稿で多くのタイプミスや間違いを見つけてくれた，Aymeric Derville にも感謝する。ミスはもっとたくさんあると思う。もしあなたがそれらを見つけたら，私に指摘していただければ幸いだ。

　最近のノーベル物理学賞が，一般相対性理論に関連した物理学に対して授与されている（重力波 2017 年，宇宙論 2019 年，ブラックホール 2020 年）のは，この並外れた理論であるアインシュタインの宝石の，現在も続く活力と繁栄の証だ。ここでは，この宝石のもとにあるアイデアの輝かしい美しさとシンプルさを明らかにしようとしている。

　を挙げる。これらは，簡単な入門的紹介である本書よりもはるかに包括的。数学指向の優れた教科書としては，イボンヌ・ショケ＝ブハ (Yvonne Choquet-Bruhat) の『一般的相対性理論，ブラックホール，および宇宙論入門』 ('*Introduction to General Relativity, Black Holes, and Cosmology*') が挙げられる。フランス語でのよい入門書として，オーレリアン・バロー (Aurélien Barrau) による『一般相対性理論：講義と演習』 '*Relativité générale : Cours et exercices corrigiés*' も挙げておく。これらは，私がよいと思う本のうち，ごく少数を挙げたにすぎない。

†2　たとえば，トーマス・A・ムーア (Thomas A. Moore) の『一般相対性理論問題集』 ('*A General Relativity Workbook*')。

著者による日本語版への序文

　本書は，一般相対性理論のアイデアに焦点を当てている。私自身が到達し得たアイデアを最大限に明快に伝えることは，結構たいへんなことだった。本書が日本語に翻訳されるのは，私にとって喜びであり，名誉なことだ。日本の学生，研究者，そして関心のある人々が，この比類のない美しい理論を理解するのに，本書が役立つことを願っている。また，若い読者がこれらのアイデアを発展させ，自然に対する理解を深めていくことを願っている。

2022 年 10 月

Carlo

目　次

III　応用

I

Bases

基礎

一般相対性理論とは何か？

　一般相対性理論は， (i) 重力相互作用 と (ii) 空間と時間の幾何学的側面 の二つを記述する，私たちの知る中でもっとも優れた理論だ。これらの二つのトピックが一緒になるという事実こそが，この理論の物理的な特徴を物語る。この理論は，アルベルト・アインシュタイン (Albert Einstein) によって構築された。彼は，数人の友人の助けをほんの少し借りただけで，1907 年から 1917 年までの約 10 年間で理論を築いた[‡1]。今日では，この理論は，天体物理学や宇宙論に広く応用されているほかに，一部の工学的技術，とくに GPS（全地球測位システム）技術にも応用され，私たちの移動方法を変えている。

　この理論は数々の驚くべき予言を行った。ブラックホール，重力波，宇宙の膨張，重力赤方偏移，時間の遅れなどだ。これらは**すべて**，実験と観測によって見事に確認されている。これまでのところ，この理論は，実験や観測からはつねに支持されてきており，誤りが指摘されたことはない。これまでに多くの代替重力理論が研究されてきたが，過去 1 世紀にわたる観測結果はつねに一般相対性理論を支持しており，多数の代替理論を排除している。最新の例でいえば，2017 年の，連星中性子星の合体によって放出された重力波信号と電磁波信号のほぼ同時刻での検出がある[‡2]。この検出により，二つの信号が同じ速度で移動するという一般相対性理論の予測が，誤差 10^{15} 分の 1 以内の精度で検証され，異なる予測を与えたほかの多数の理論が排除された。

　一般相対性理論は量子効果を考慮していないことから，理論が有効である範囲が制限される。具体的には，以下のプランク (Planck) 長さと呼ばれる長さの

[‡1] 訳者注：アインシュタインが一般相対性理論を学会発表したのは 1915 年 11 月，論文としてまとめて出版したのは 1916 年 3 月である。著者は，アインシュタインが宇宙項を含めた式を発表した 1917 年までの期間を想定している。

[‡2] 訳者注：2017 年 8 月 17 日に，初めて連星中性子星合体が重力波でとらえられたとき，その合体時刻の 1.7 秒後に，ガンマ線バースト現象がとらえられた。その時間差と波源までの距離から，重力波の伝播速度が光速であるとする一般相対性理論の予測が検証された。

スケールで限界になると考えられる。

$$L_{\mathrm{Pl}} = \sqrt{\frac{\hbar G}{c^3}} \sim 10^{-33} \ \mathrm{cm}$$

ここで，G は万有引力定数，$\hbar$ はプランク定数，c は光速である[L_{Pl} **が実際に長さの次元をもっていることを確かめよ**]。この長さ以下の領域では，私たちはまだ，ほんの少しの間接的な実験結果や観測結果しかもっていない。しかし，ブラックホールの中心やブラックホール蒸発の最後の段階，あるいは宇宙の初期においては，量子効果は大きな影響をもつと考えられる。本書の最後の章では，一般相対性理論が量子現象を取り入れるためにどのように拡張されるのか，現在の考えを紹介する。

　一般相対性理論は単純なアイデアに基づいている。重力は電磁気学のような場の理論によって記述され，この場**もまた**時空の幾何学的特性を決定する，というアイデアだ。

　理論の基礎には，物理学，哲学，数学の三つのルーツがある。次の三つの章では，これらを順に見ていこう。

Physics: A Field Theory for Gravity

物理学：重力の場の理論

　一般相対性理論の出発点は，私たちのまわりの電気および電子技術の基礎として見事に成功しているマクスウェル (Maxwell) 電磁気学である。

　マクスウェル理論は**場の理論**の一つだ。つまり，電気的および磁気的な相互作用の起源を，（クーロン (Coulomb) が考えたように）電荷間で距離を超えて作用する力だとは考えない。電磁場という場が有限速度で伝える，局所的な相互作用として考える。

　一般相対性理論は重力について，同じように考える。重力の起源を，（ニュートン (Newton) が考えたように）質量間で距離を超えて作用する力だとは考えない。重力場という場が有限速度で伝える，局所的な相互作用として説明する。

　マクスウェル理論が電磁場を記述するただ一つの場の理論であるのと同じように，一般相対性理論は重力場を記述するただ一つの場の理論だ。アインシュタインは，一般相対性理論を構築するときに，マクスウェル理論を参考にした。

　特殊相対性理論の構築後，アインシュタインは，重力を場の理論として記述する必要があると考えるようになった。本書では，読者が特殊相対性理論の基礎に精通しているものと仮定する。次の節では，なぜ特殊相対性理論が重力を場として記述することを示唆するのかを述べていく。

1.1　特殊相対性理論

■ ガリレイによる相対性の物理的意味

　ニュートン力学は，ガリレイ (Galilei) 変換

$$x' = x - vt \tag{1.1}$$

のもとで不変である。これは，位置と速度が物理量として相対的であることを

表している。つまり，物体の位置 x と速度 v は，つねにほかの物体との関係で定まるということだ（これを，座標系と呼ぶ）。

式 (1.1) は，「位置」x が参照物体 O からの距離として決まることを示している。O に対して一定速度 v で動いている第 2 の参照物体 O' からの距離が x' である。物理量 t は時計によって測定される時間である。ニュートン力学の不変性は，基本となる運動法則が

$$F = ma \tag{1.2}$$

で与えられ，加速度 $a = (d^2/dt^2)x(t)$ が式 (1.1) の変換のもとで不変であることに由来する。実際，O' に対する加速度は，

$$a' = \frac{d^2}{dt^2}x'(t) = \frac{d^2}{dt^2}(x(t) - vt) = \frac{d^2}{dt^2}x(t) = a$$

となる。したがって，O に対して定まる位置 x が式 (1.2) によって決まるのであれば，O' に対して定まる位置 x' についても同じことがいえる。

力学的な実験で，一様な直線運動と静止状態を区別することは不可能である。位置と速度は，ほかの何かに対する相対的なものとしてのみ定義される。

このことは，特別な空間を決めてその位置変数 x で時空の事象（できごと）を表すのが不可能であることを意味する。

すなわち，**位置を決めるときに基準となる参照物体を（明確に，あるいは間接的に）特定しないかぎり，異なる時刻で生じた二つの事象を「同じ位置 x で」生じたということは意味がない**のだ。

「同じ位置にとどまった」という言葉は，動いている列車に対して，地球に対して，太陽に対して，または天の川銀河に対して，それぞれ異なる意味をもつことになる。動いている列車内で母親が子供に対して「動くのをやめなさい」と言ったとき，それは，子供が電車から飛び降りて地球に対して移動しないことを言っているわけではない。「同じ位置にとどまる」というのは，何に対してなのかを言わないと意味がないのだ。図 1.1 の上二つの図を見てほしい。これはガリレイの相対性だ。

■ 特殊相対性理論の物理的な意味

マクスウェル方程式は，式 (1.1) の変換では不変にならない。その代わり，

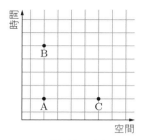

直観的な時空

2つの事象（AとB）は同じ位置で発生する。
2つの事象（AとC）は同じ時刻に発生する。

ガリレイの相対性

「同じ点」は絶対的な意味をもたない。
BはAと地球に対して同一の位置で発生する。
B'はAと銀河に対して同一の位置で発生する。

特殊相対性理論

「同じ時刻」は絶対的な意味をもたない。
CはAと地球に対して同時刻に発生する。
C'はAと銀河に対して同時刻に発生する。

図 1.1 時空の構造を表す図。左上は非相対論的な直観，右上はガリレイの
相対性，下は特殊相対性理論の相対的な関係を表している。

ローレンツ (Lorentz) とポアンカレ (Poincaré) は，以下の変換のもとでは，方
程式が不変になることを見いだした。

$$x' = \gamma(x - vt), \quad t' = \gamma\left(t - \frac{vx}{c^2}\right) \tag{1.3}$$

ここで，$\gamma = 1/\sqrt{1 - v^2/c^2}$ である。これは，いまではローレンツ変換と呼ば
れるものだ。x' の意味は，ローレンツとポアンカレにとっては明らか（移動し
ている物体からの距離だ）だったが，t' の意味は，アインシュタインが解決す

るまで不明瞭だった。

　1905 年，アインシュタインは次のように t' に明瞭に意味を与えた。t が参照物体 O とともに移動する時計によって測定される時間であるとき，O' とともに移動する同一の時計は，t ではなく t' を測定する。つまり，**たがいに移動する二つの同一の時計は，たがいに異なる時刻を測定する。**これが，アインシュタインが 1905 年に到達した理解だ。

　これは，視点や定義の問題ではなく，物理的な事実である。二つの同一の時計が引き離されて，また元に戻されたとしよう。二つのうちの一つは，引き離されてから元に戻るまで慣性的に（加速なしで）移動し，元に戻るまで時間経過 t を測定する。もう一つの時計は，最初の時計に対して（おそらく可変の）速度 v で動くとする。この二つがふたたび会うとき，二つ目の時計のほうが一つ目の時計よりも進んでいる。もし，二つ目の時計の速度の 2 乗が一定であれば，二つ目の時計が測定する時間は

$$t' = \frac{1}{\gamma} t < t \tag{1.4}$$

となる（もし速度が変化して $v(t)$ となるならば，$t' = \int_0^t \sqrt{1 - v^2(\tau)/c^2} \, d\tau < t$ となる）。時計が示す時間は，その時計の運動状態によって異なる。慣性運動している時計が示す時間が最大となる。

　時間間隔がもつこの特性から，時空での事象を，物理的に好まれるある特定の時刻 t を用いて表すことは不可能である。つまり，**異なる場所で生じた二つの事象に対して，「同時刻 t」を用いて表すことは，時間を決めるのに使われた参照物体を（直接あるいは間接的に）示さないかぎり，意味がない**のだ。

　言い換えれば，移動する列車に対して，地球に対して，太陽に対して，そして銀河に対して，「同時に起こる」ことは異なる意味をもつ。図 1.1 の下の図を参照してほしい。アンドロメダで「いま」何が起こっているのかを尋ねることは意味がないのだ。これが「特殊相対性理論」である。

　これはガリレイ不変性を空間から時間へ拡張したものであることに注目してほしい。ガリレイ不変性は，異なる時刻に「同じ場所にいる」というのは明確に定義されていない概念である，という発見だ。特殊相対性理論は，異なる場

所で「同時刻に起こる」ということは明確に定義されていない概念である，という発見である。

1.2 場

■ 特殊相対性理論とクーロンの法則

特殊相対性理論は，力が距離をおいて瞬時に作用するという表現には意味がない，ということを示唆する。「瞬時に」という言葉そのものが無意味なのだ。

これは，クーロンの法則と矛盾しているように見えるかもしれない。クーロンの法則は，距離 r 離れた二つの電荷 e と e' が，たがいに

$$F = \frac{ee'}{r^2} \tag{1.5}$$

の反発力を及ぼすという法則だ[この先を読み進める前に，次の問いに答えよ。この法則はどのように特殊相対性理論と整合性がとれるだろうか？]。

もしクーロンの法則が普遍的なら，特殊相対性理論と矛盾することになる。しかし，実は，この法則は普遍的なものではない。クーロンの法則は，電荷がたがいに静止していたり，ゆっくりと動いているような静的な極限のとき**のみ**成り立つ法則なのだ。この場合，法則を適用できる座標系は，電荷自身が定義する。

クーロンの法則が普遍的なものではないことを確かめるために，二つの電荷のうちの一つを急速に取り除いた場合にどうなるかを考えてみよう。もう一方は，すぐにクーロン力を感じなくなるのだろうか？

もちろん，答えは No だ。情報は光よりも速く移動しない。力が伝わるまでの $t = r/c$ の時間，もう一方の電荷は，**力を感じ続ける**。この間，電磁**場**に生じた外乱が光速で電荷間の空間を横切って伝わり，もう一方の電荷に達したときに初めて力が変化する。したがって，クーロンの法則は，場によって運ばれる相互作用が静的で非相対論的な極限のときにのみ，特殊相対性理論と整合性がある。このことが，一般相対性理論を考える動機を与える。

■ 特殊相対性理論とニュートンの法則

重力について考えてみよう。ニュートンの法則によれば，二つの質量 m と m' が距離 r 離れたところにあると，たがいに引力

$$F = G\frac{mm'}{r^2} \tag{1.6}$$

を及ぼす。もしこれが普遍的な法則であれば，特殊相対性理論と矛盾することになる。実際，二つの質点のうち一つを急に遠ざけたらどうなるだろうか？　もう一つの質点は重力が弱くなるのを瞬間的に感じるようになるだろうか？　もし特殊相対性理論が正しければ，そうはならない。情報は光速よりも速く伝わらないため，$t = r/c$ の時間，もう片方の質点は重力を感じ続けることになる。この間，**重力の場**は外乱を光速で伝え，もう片方の質点に達したときに初めて力が変化する。このようなことを可能にするためには，質点から質点へ何かを伝える自由度をもった場が存在しなければならない。

そのため，特殊相対性理論は，ニュートンの法則 (1.6) が普遍的なものではないことを示唆している。ニュートンの法則は，静的で非相対論的な極限であり，質点がたがいに高速で動かないようなときにのみ成り立つ法則なのだ。この極限でない場合，重力は，相互作用が有限速度で伝わることを表すような場の理論によって記述されなければならない。表 1.1 を参照せよ。

表 1.1　アインシュタインを一般相対性理論に導いた論理。クーロンの法則は，電磁場の理論（マクスウェル電磁気学）の静的な極限において，特殊相対性理論と整合する。同様に，ニュートンの法則も，特殊相対性理論と整合するためには，重力場の理論（一般相対性理論）の静的な極限のものと考えられる。

	電磁気	重力
静的な極限	$F = \dfrac{ee'}{r^2}$ クーロンの法則	$F = G\dfrac{mm'}{r^2}$ ニュートンの法則
全体の理論	マクスウェルの場の理論	一般相対性理論

■ 一般相対性理論の構造

マクスウェル理論は次の三つで定義される。

(i) 場：電磁場

(ii) 力の法則：ローレンツ力の式と呼ばれる，電荷が場の中をどのように移動するかを表す方程式

(iii) 場の方程式：マクスウェル方程式

これと並行して，本書でのちに見るように，一般相対性理論は次の三つで定義される。

(i) 場：重力場

(ii) この場の作用のもとで質量がどのように動くかを説明する法則：「測地線方程式」

(iii) 場の方程式：アインシュタイン方程式

表 1.2 を参照せよ。これらが，本書で説明していく理論構造である。

ただし，重力には，電磁気とは大きく異なる側面がある。重力場は，時空の幾何学的構造にも関係している。このつながりを発見したことは，アインシュ

表 1.2 電磁気学と一般相対性理論の構造の比較。式に登場する量は，本書でのちに登場する。重力場 g_{ab} は 3.2 節にて，g_{ab} の 1 階微分からつくられるレヴィ・チビタ接続 $\Gamma^a{}_{bc}$ は 3.2.1 項にて，g_{ab} の 2 階微分からつくられるリッチテンソル R_{ab} は 3.2.3 項にて，宇宙定数 λ は 4.3 節にて，エネルギー運動量テンソル T_{ab} は第 5 章にて紹介する。また，式 (2.1) のあとで定義するが，一つの項の上下に同じ添字があるときは，その添字で和をとるルールを用いている。

	電磁気学	一般相対性理論
場	マクスウェルポテンシャル $A_a(x)$	重力場 $g_{ab}(x)$
粒子の運動方程式	ローレンツ力 $\ddot{x}^a = \dfrac{e}{m} F^a{}_b \dot{x}^b$	測地線方程式 $\ddot{x}^a = -\Gamma^a{}_{bc} \dot{x}^b \dot{x}^c$
場の方程式	マクスウェル方程式 $D_a F^{ab} = 4\pi J^b$	アインシュタイン方程式 $R_{ab} - \dfrac{1}{2} R g_{ab} + \lambda g_{ab} = 8\pi G T_{ab}$

タインの功績として永遠に語り継がれていくことだろう。これについては，次の章で説明する。

Chapter

2

哲学：時空とは何か？

2.1　相対性とニュートン時空

■ ニュートンの時空概念の目新しさ

　ニュートン以前は，空間は，世界のものごとの相対的な配置として理解されていた（「人はここにいて，噴水の近くだ。鹿はあそこ，木と木の間に」などと）。時間は一般に，世界のできごとの変化を数える手段として理解されていた（「昼，夜，昼，夜，…」などと）。これらは，空間と時間の**関連性による**概念だ。これらは共通の言語を用いて表現され，アリストテレス (Aristotle) からデカルト (Descartes) にいたるまで，西洋哲学における時間と空間の概念を理解するうえでの王道の方法だった。

　この方法で空間と時間を理解すると，物のない空間は存在せず，何も起こらなければ時間はない。なぜなら，空間はものごとの配置であり，時間はできごとの数え上げであるからだ。

　ニュートンはこの伝統を破った。彼は，この空間と時間の関連性による概念（彼は「相対的」概念と呼んだ）に加えて，たとえ周囲に何も物がなくても，空間には何かしらの**実在物**があると仮定するのが便利であることに気づいた。また，たとえ前後に何も生じなくても，何かしらの**実在物**を時間的に仮定するのが便利であることにも気づいた。彼は，これらの実在物を「絶対空間」と「絶対時間」と呼び，ものごとやできごととは無関係に，それ自体で存在するものとした。本書では，これらを「ニュートン空間」および「ニュートン時間」と呼ぶ。

■ ニュートン空間の構造

　ニュートンは，空間が 3 次元ユークリッド (Euclid) 空間の構造をもっている

と仮定した。この空間では，デカルト (Cartesian) 座標 $x^i = (x, y, z)$ をとる
ことができる。また，時間は変数 t によって表され，実数直線の計量構造をも
つものと仮定した。デカルト空間座標と時間変数の双方は，**計量 (metric)** の意
味をもつ。つまり，定規と時計の読み取り値に対応する。x^i と $x^i + dx^i$ の 2
点間に当てた定規で読み取る長さ ds は，

$$ds^2 = dx^2 + dy^2 + dz^2 \equiv \delta_{ij} dx^i dx^j \qquad (2.1)$$

で与えられる。ここで，δ_{ij} は，3 行 3 列の単位行列 $\delta_{ij} = \mathrm{diag}[1, 1, 1]$ であ
る。本書では，上下の添字に同じ文字がある場合はその添字に関して和をとる，
というアインシュタインによる添字ルールを用いることにする。したがって，
$\delta_{ij} dx^i dx^j \equiv \sum_{i,j} \delta_{ij} dx^i dx^j$ となる。

　ニュートンが，空間と時間の伝統的な「相対的」概念との関連を否定しなかっ
たことに注目しておこう。彼は，既存の概念に**加えて**ニュートン空間とニュー
トン時間を導入する必要がある，としたのだ。

注 1　ニュートン力学で「絶対」となるのは，特殊相対性理論と同様に，物体の位
置や速度ではなく，その**加速度**だ。ニュートン物理学では，絶対加速度を定義す
る必要がある。「ニュートン空間」や「ミンコフスキー (Minkowski) 時空」は，
そのような絶対的な**加速度**を決定する構造を意味する。
　ニュートンの元の著作では，絶対位置と絶対速度の意味にあいまいさが見られ
る。しかし，その後のニュートン力学の展開で，これらの意味は明確になってい
る。現代では，「ニュートン空間」とは，自分の好みの座標系を指すものではな
く，慣性座標系の組を指定できるような構造を意味している。

注 2　ニュートンによる空間と時間の概念は直観的で自然であると言われること
がある。しかし，それは違う。ニュートン物理学が何世紀にもわたって成功した
ことで，なじみ深くなっているだけだ。私たちは学校でニュートンによる空間と
時間の概念を学ぶが，それらは自然なものではない。ニュートン以前は，空間と
時間の考えで主流だったのは，実用上も，教育される項目も，関連性による定義
のほうだった。
　とくに，ユークリッド幾何学は，**空間**の幾何学としては認識されておらず，理
想化された**物体**の幾何学にすぎなかった。

■ 特殊相対論的空間の構造

特殊相対性理論は，ニュートン空間とニュートン時間を統合し，ミンコフスキー空間として記述したほうが適切だ，という発見を軸にしている。ミンコフスキー空間は 4 次元の幾何学的実体であり，その幾何学は

$$ds^2 = -dt^2 + dx^2 + dy^2 + dz^2 \equiv \eta_{ab} dx^a dx^b \qquad (2.2)$$

を与えることで定義される。この値が正であれば距離の 2 乗に相当し，負であれば固有時間の 2 乗にマイナスを付けた値に相当する。ここで，η_{ab} は $\eta_{ab} = \mathrm{diag}[-1, 1, 1, 1]$ である 4 行 4 列の行列であり，ミンコフスキー計量と呼ばれる。

ここで私たちが行う議論では，ニュートン空間と時間の組か，ミンコフスキー時空かという違いは関係しない。二つは同じ性質をもつ。前者は，後者において相対速度が小さい場合の近似である。

■ ニュートン時空と特殊相対論的時空の性質

二つの空間の性質は長い間かなりあいまいなままだったため，多くの議論を引き起こしてきた。

ニュートンは，空間を「神の感覚」（それが何を意味するにせよ）として特徴付けた。ライプニッツ (Leibniz)，バークレー (Berkeley)，マッハ (Mach) などの多くの哲学者は，ニュートンの理論構築の妥当性に疑問を呈した。イマヌエル・カント (Immanuel Kant) は，それを知識に対してア・プリオリなものとして理解しようとした。アインシュタインはこれらの哲学者をよく知っており，ニュートンの概念に対する彼らの批判に強く影響を受けていた。16 歳までに，アインシュタインは，すでにカントの三つの主要な著作をすべて読んでいた。もしあなたがすばらしい科学をしたいなら，哲学書を読もう。

ニュートンの空間と時間は，ほかの何かに関係なく存在するという意味で「実体」だが，ほかの物理的な実体とは大きく異なる。たとえば，ほかの実体の運動を決定したとしても，ニュートン空間とニュートン時間は動的（ダイナミクスがあるもの）ではなく，何の作用も受けない。実に奇妙だ。

これらの正体は何だろうか？

2.2　アインシュタインのアイデア：ニュートン時空は物理的な場である

　一般相対性理論の基礎にあるアインシュタインのすばらしいアイデアは，ニュートンや特殊相対性理論の空間と時間は，実際に存在する実体である（これはニュートンも正しく理解していた）が，ニュートンの仮定に反して動的なものである，ということだ。時空は物理的な場として，重力場として**存在する**のだ。

　時計が刻む間隔，または定規の両端の間隔を決定するのは重力場だ（時計の可動部分や定規を構成する原子は，重力場と相互作用するためだ）。したがって，定規と時計で読み取られる，私たちが時空幾何学と呼んでいるものは，実在する動的で物理的な場，重力場の現れである。

　よって，固定されたミンコフスキー計量 η_{ab} で表されるミンコフスキー時空は，ダイナミクスを無視した近似としての重力場にほかならない。

　アインシュタインのすばらしいアイデアは，物理的な世界を構成していると私たちが想定していた基本要素を変えた。ニュートン時空を物理的な場へと再構成したのだ。図 2.1 を参照せよ。

　したがって，アインシュタインのアイデアは，ミンコフスキー空間として表される重力場を考える近似から脱却して，**固定された**ミンコフスキー計量 η_{ab}

　図 2.1　物理学の実体論の進化。本書で記述するのは，物理的な時空を場として認識する最後のステップである。さらなるステップは，物体と場を統合する量子論になる。そこでは，すべての物体が（量子的な）場の側面としてとらえられていく。

を，時空点の関数として表される本物の**場** $g_{ab}(x)$ に置き換えることだ。これ
は，式 (2.2) を

$$ds^2 = g_{ab}(x)dx^a dx^b \tag{2.3}$$

にて置き換えることを意味する。場 $g_{ab}(x)$ は，重力が無視できるときには
$g_{ab}(x) = \eta_{ab}$ と一定値になる。この場は，時空点ごとに変化する（二つの添字
が対称な）本物の**物理的な場**であり，場の方程式を通じて物質と相互作用する。
この場 $g_{ab}(x)$ は時空のさまざまな幾何学を記述し，それと同時に重力場自身で
もある。

　ミンコフスキー空間が重力が無視できる場合の近似にすぎないならば，一般
には，時空の幾何学はミンコフスキー時空ではない。とくに，空間の幾何学は
ユークリッド的ではない。つまり，空間と時間の幾何学的側面は，時空の各点
で変化する重力場によって決定されるため，それらもまた可変であり，変形可
能でなければならない。重力が存在すると，時空のミンコフスキー幾何学は変
形されることになる。

　このような「曲がった」非ユークリッド空間および非ミンコフスキー空間を
記述する数学は，すでに数学者たちによって，とくにベルンハルト・リーマン
(Bernhard Riemann) によって大部分が開発されていた。アインシュタインは
幸運にも，その数学にたどりついた。次の章で説明することになるリーマン幾
何学のおもな方程式は，式 (2.3) そのものである。

　時空の幾何学が重力場にほかならないという並外れたアイデアに，アインシュ
タインは**どのようにして**たどりついたのだろうか？　この章をまとめる前に，そ
れを見ることにしよう。

　彼はどのようなヒントを手にしていたのだろうか？

2.3　アインシュタインのヒント：加速度は何に対して？

　絶対空間と絶対時間の存在に関するニュートンの議論は，慣性力の存在を認
めることにつながる。慣性力は，座標系の加速に起因する。それでは，座標系
は何に対して加速しているのか？　ニュートンの答えは，空間の絶対構造に対

して，だった。

　ニュートン力学（および特殊相対性理論）では，慣性力は，固定された時空の幾何学に対する加速に起因する。

ニュートンのバケツ I　『プリンキピア』（『自然哲学の数学的諸原理』（'Philosophiae Naturalis Principia Mathematica'），王立科学会，1687 年）には，ニュートンが，水で満たされたバケツを使った実験により彼が仮定する「絶対空間」の存在が証明されると主張している，有名な箇所がある。水がバケツの軸を中心に回転すると，バケツ内の水面はへこむ。しかし，どの回転が原因だろうか？　容器に対する水の回転が水面のへこみを引き起こすのか？　ニュートンは観察の結果，そうではないと結論した。バケツが回転を始めると，水は摩擦によって引きずられ，**しばらくしてから**バケツと一緒に回転を始める。図 2.2 を参照せよ。初めの一時的な間，バケツは私たちに対して回転するが，水は回転しない。この間，水は容器に対して**回転するが**，まだ**へこみはない**。のちにへこみが現れるが，それは水が容器に対して回転しなくなったときだ。したがって，周囲に対

フェーズ 1：
水は絶対空間の中で回転しない。
バケツに対して回転する。
表面に凹面は生じない。

フェーズ 2：
水は絶対空間の中で回転する。
バケツに対しては回転しない。
表面に凹面が生じる。

図 2.2　絶対空間の存在に関するニュートンの主張。物理的効果（水面のへこみ）は，容器に対する相対的な回転ではなく，絶対的な空間に対する回転によるものだ。

する相対運動（唯一の真の相対運動）は，ここでは何も影響しない。影響しているのは，水の絶対回転だ。すなわち，絶対空間に対する回転である。物理的な効果をもたらしているということは，絶対空間は実在する，とニュートンは主張する。完璧な議論だ。

したがって，ニュートンの時空は，何が加速していて何が加速していないかを決定する実体だ。

しかし，アインシュタインは，重力がこの点で驚くべき特異性をもっていることに注目した。あなたが地球を周回している宇宙船にいるとしよう。宇宙船は重力に引き付けられ，したがってつねに下向きに加速しているため，あなたの動きは慣性運動ではない。あなたが自分の座標系として宇宙船を使うのであれば，宇宙船は加速しているため，慣性力が予想される。たとえば，軌道が下向きに湾曲しているため，上向きに質量を加速させる遠心力（見かけの力）があるはずだ。

しかし，そうはならない。

そうならない理由は，宇宙船と同様に，宇宙船内の質量が地球からの引力を受けるからだ。これは下向きの加速度である。遠心力による上向きの加速度と地球の引力による下向きの加速度が**正確にキャンセル**することは，重力の注目すべき事実だ。したがって，宇宙船の内部では，**まるで慣性系であるかのように**物体は自由に浮き，直線で移動する。

このことは，質量をもつすべての物体が等しく落下するという事実に起因する。数式で見ると，宇宙船（質量 m）が地球（質量 M）のまわりを半径 r で円運動しているとき，

$$a = \frac{1}{m}F = \frac{1}{m}\frac{GMm}{r^2} = \frac{GM}{r^2} \tag{2.4}$$

となって，加速度が質量 m に依存せず，すべての物体，つまり宇宙船とその中のすべての物体で同じであることを示している。

この結果は壮観だ。自由落下している宇宙船の内部では，物理学そのものが，重力がない状態で等速移動する慣性系の場合と同じになるのだ。

このことは，宇宙船への重力の影響は**慣性系の概念を再定義する**，と簡単に考えてよいことを意味する。地球の重力の影響により，すべての物体が加速運動せずにいる慣性系という系が，ニュートンが考えたようなもの（固定された星に対して一様に運動する）ではなくなり，地球を周回するものになったということである。したがって，これはまるで，重力が新しい「真の」慣性系を決定したかのようだ。

アインシュタインによって明らかになったのは，ニュートン時空の役割は慣性系の決定にほかならない，ということだ。よって，ニュートン時空と重力のどちらも，慣性系を局所的に決定する「実体」だ。したがって，両者は同じ実体であるはずだ。

この見事に巧妙な推論は，一般相対性理論の中核となるもっとも美しいアイデアにアインシュタインを導いた。**ニュートン時空とミンコフスキー時空は，重力場の一つの現れにほかならない**。より一般には，時空の幾何学はミンコフスキー時空ではなく，変形した，または「曲がった」ものだ。

> **コラム** アインシュタインによるこの議論と，万有引力を動機付けるためにニュートンが『プリンキピア』で使った議論との間には，類似点がある。ニュートンは，軌道上にある物体は落下する物体と同じ加速度をもっていると述べている。ニュートンは，落下の原因となる力と天体[‡1]を軌道に維持する原因となる力は同じでなければならないと推測し，万有引力を導いた。彼はこの議論を，彼が第2の「推論のルール」と呼ぶもので形式化した。これは，**同じタイプの効果を引き起こす原因は，可能なかぎり同じものでなければならない**というものだ。アインシュタインは，局所慣性座標系が時空の計量構造によって決定されるだけでなく，重力によっても決定されることに気づいた。ここから，彼は，時空の計量構造と重力は同じものと推測した。すなわち，**同じタイプの効果を引き起こす原因は，可能なかぎり同じものでなければならない**と考えたのだ。

> **ニュートンのバケツ II** では，なぜニュートンのバケツの水面がへこんだのだろうか？ 水が**局所重力場に対して相対的に**回転しているからだ。ニュートンの絶

[‡1] 訳者注：ニュートンは地球を周回する月をもとに議論したので，ここでの天体は，本文で考えている宇宙船と同じである。

対空間は，実際には重力場の局所的な構成だ。しかし，重力場は変化する。たとえば，10.6 節で見るように，北極点では，水面が平らに保たれる慣性系が，遠方の固定された恒星を基準にすると（ゆっくりと）回転する。局所的な重力場が地球の重力場の影響を受ける（「引きずられる」）ためだ。ニュートン空間は，地球の物質の影響を受ける重力場に置き換わる。

あとは，曲がった空間の数学を学ぶだけだ。次の章でそれを解説する。

Chapter

3

Mathematics: Curved Spaces

数学：曲がった空間

3.1 曲面

　重力を説明するのに適していることが判明した数学は，カール・フリードリッヒ・ガウス (Carl Friedrich Gauss) が曲面を説明するために構築した理論[†1] に端緒をもつ。一般相対性理論への扉を開いたガウスによる美しい概念の発見を，本章では簡単に説明しよう。

3.1.1 内的形状

　ガウスの明晰な発見は，二つの異なる方法で曲面を曲げられるということだ。これらは，「外的曲率 (extrinsic curvature)」と「内的曲率 (intrinsic curvature)」の二つの値で区別される。この区別を理解することは，一般相対性理論を理解するための基礎である。

　外的曲率は簡単だ。3 次元ユークリッド空間に埋め込まれた 2 次元曲面が 2 次元平面（の一部）ではない場合，外的曲率をもっているという。一方，内的曲率の定義は，ガウスの**天才的なひらめき**による。

■ 内的平坦な面

　いくつかの幾何学的図形が描かれた，曲げることはできるが伸ばすことはできない平らな紙を想像してみよう（図 3.1，上図）。これらの図形は，2 次元のユークリッド幾何学に従う。紙を曲げることを想像しよう（図 3.1，左下の図）。紙を曲げると，紙に描かれた線分は曲がるが，それでもその線分は，曲面に描くことができる 2 点間を結ぶすべての線の中で最短である。曲面上で 2 点間を結

[†1] 'Disquisitiones generales circa superficies curvas', auctore Carolo Friderico Gauss, Societati regiae oblate D.8. October 1827.

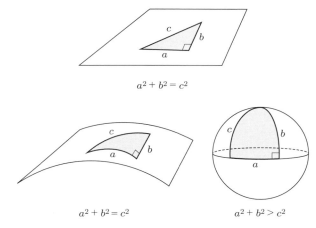

図 3.1 上：平面上の三角形。左下：曲がった曲面上の三角形。右下：球上
の三角形。左下の図と球の両方の曲面は**外的に湾曲**しているが，前
者は**内的に平ら**であり，後者は**内的に湾曲**している。

ぶ最短線を「（内的）直線」と呼び，その長さをその 2 点間の「（内的）距離」と
呼ぶ。明らかに，曲がった面上で考えたこれらの「（内的）直線」と「（内的）距
離」は，2 次元平面上の直線や距離と同じ特性を満たす。

たとえば，紙に描かれた三角形を想像してみよう。紙を曲げても，辺の長さも
角度の大きさも変わらない。したがって，曲がった紙に描かれた三角形は，2 次
元ユークリッド三角形の標準的な性質を満たす。一つの角度が直角の場合，そ
の辺の長さ a, b, c はピタゴラス（Pythagoras）の定理 $a^2 + b^2 = c^2$ を満たし，
三つの角度の合計は π [rad] になる。同様に，紙に描かれた円（中心点から等し
い内的距離 r にある点の集合）の円周 p は，たとえ紙が曲げられたとしても，
$p = 2\pi r$ を満たす。このように，紙を曲げても標準的ユークリッド幾何学が保
たれることがわかるだろう。

視覚的にイメージしてみよう。あなたが曲がった紙の上を動く小さなアリで，
曲面の線の角度と長さを測定できるが，紙の「外側」を見ることができないとし
よう。そうならばあなたは，自分がいる面が平らではない，ということを判別
できないことになる。内的直線の長さによって定義される 2 次元形状は，平ら
な面とまったく同じになる。この形状を「内的形状」と呼ぶ。したがって，紙

自体が実際に湾曲している場合でも，「曲がった紙面の内的形状は平坦である」ということになる。

■ 内的に湾曲した曲面

しかしながら，上記の内容は，一般の曲面には当てはまらない。たとえば，半径 1 の球面を考えてみよう（図 3.1，右下の図）。球面上に描かれた線の長さによって定義される内的形状は，平面の形状とは異なる。

球面上の二つの点を考えると，それらを結ぶ球面上で最短の線は，大円の一部になる。これらは，球面上の「内的直線」の一部である。球の北極と，赤道上の二つの点を，たがいに赤道の長さの 4 分の 1 の長さになる位置にとろう。この 3 点は，赤道の一部と二つの子午線によって結ばれる三角形をつくる。すぐにわかるのは，この三角形の内角の和は π ではなく $3\pi/2$ になるということだ！ 同様に，赤道は北極からの内的距離 $r = \pi/2$ の円だが，円周は $p = 2\pi$ である。そのため，円周と半径は，$p = 2\pi r$ ではなく，$p = 4r$ の関係になる。

したがって，球面上の直線は，**2 次元平面の形状とは異なる内的形状を構成する**。このとき，あなたが球面上を移動する小さなアリで，曲面上の線の長さを測定できるが，曲面の「外側」を見ることができない場合でも，あなたは平坦な面上にいないことを**理解できる**ことになる。そのためには，ある一点から半径 r で描いた円の円周 p を測定することで十分で，もし $p \neq 2\pi r$ であれば，あなたがいる曲面の内的形状は平坦ではない，といえるのだ。内的形状が平坦でなければ，曲面は「内的曲率」をもつ，という。

これらの例は，外的曲率と内的曲率の違いを示している。

■ 内的形状

ある曲面の「内的形状」とは，その曲面上で引かれた線の長さによって決められる形状だ。もしこの幾何学が平らな面上で描かれるものと同じであれば，その曲面は「内的に平坦」あるいは「内的曲率をもたない」となる。そうではなくて，平らな面とは異なる幾何学になるのであれば，その曲面は「内的に曲がっている」あるいは「内的曲率をもつ」となる。

ガウスによるこの概念は，ある曲面の曲率についての判断が，**その曲面上で**

の距離の幾何学を用いるだけで可能になるという点で重要である。つまり，より高次元な空間でその曲面がどう埋め込まれているのかを考えなくてよいのだ。一般相対性理論で用いるのは，まさにこの事実である。

3.1.2 ガウス曲率

　上で述べた内容を定量的に定義しよう。曲面上で点 p から始まって戻ってくる直線の組を考えよう。その線は小さな面積 A を囲んでいるとする。この線に沿ってベクトルを平行移動させる。これを，線に沿って移動すると表現する。ベクトルと線とのなす角は一定とする。もし曲面が平坦であれば，ベクトルはスタートしたときと同じ向きで戻るが，一般には，角度 α だけ向きを変える。点 p でのガウス曲率は，

$$K = \lim_{A \to 0} \frac{\alpha}{A} \tag{3.1}$$

となる。一様な球面の場合，球面のガウス曲率はどの点でも同じになり，その値は，半径を R として，

$$K = \frac{1}{R^2} \tag{3.2}$$

となる[これを計算せよ。もっとも簡単な経路は，北極点から始まり，2 点を赤道上にした三角形だ。図 3.2 を参照せよ。二つの頂点を近づけていけばよい]。一方，図 3.3 の彗星の表面などの一般の曲面では，曲率は点ごとに変化し，曲面上で $K(x)$

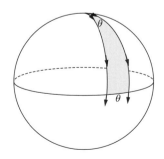

図 3.2　平行移動を用いた曲率の定義。三角形の面積は $A = \theta R^2$ である（半球の面積との比率から簡単にわかる）。ベクトルは，角度 $\alpha = \theta$ だけ回転して戻る。

図 3.3　曲面の例。ロゼッタ宇宙探査機 (Rosetta space probe) が着陸した彗星の表面。この表面には「自然な」座標系がない。
[ESA/Rosetta/NavCam; CC BY-SA 3.0 IGO]

の場を定義する。

　曲率は，以下に述べるようにも定義できる。曲面上の点 p を中心とする，半径 r で周囲長 P の小さな円を考えよう。点 p におけるその曲面の「ガウス曲率」K を，次のように定義する[**この式を用いて，球面の K を計算せよ**]。

$$K = \frac{3}{\pi} \lim_{r \to 0} \frac{2\pi r - P}{r^3} \qquad (3.3)$$

ガウスによる定義　この章の冒頭で，微分幾何学に関するガウスの記念すべき研究を紹介したが，そこでは，彼は上記のようなガウス曲率の内的な定義は与えていない。ガウスは埋め込みの手法による定義を与え，それが埋め込みの方法とは独立に決まる量であることを示している。ガウスの定義はとても美しい。R^3 にはめ込まれた曲面 Σ のすべての点 p では，Σ に垂直な方向 $\vec{n}_p$ が決まる。点 p を中心としてすべての方向に広がる，半径 1 の球面を考えよう。Σ の中の領域 R 内のすべての点 p に対する $\vec{n}_p$ の集合を考えると，この球面上で領域 R_0 を描くとしよう。点 p における Σ の曲率は，R_0 と R の面積比を考えて，その微小面積での極限値をとったものとして定義される。ガウスは，この曲率が埋め込みとは独立に決まることを示し，「驚異の定理」を意味する *Teorema Egregium* と命名した。曲率は埋め込みとは独立した概念であることを示すこの定理は，一般相対性理論の数学の概念的基礎である。

■ 曲率は距離の 2 次のオーダーを表す

曲面上の点 x の近傍を考えよう。曲面の形状は，距離の 1 次のオーダーまでは，曲面の接平面を用いて近似される。実際，これこそが接平面の幾何学的定義である。十分に小さな領域に制限すると，直観的には，（滑らかな）曲面はつねに「平らに見える」。このことは，地球の表面が球形であるのに，十分に小さい領域では平面で近似できることでお馴染みだろう。これは，地球上の小さな領域での平面地図が地球の形状を十分に忠実に再現できる理由にほかならない。ガウス曲率は，この近似が破れるスケールを表す量である。

距離の 2 次のオーダーまでの近似として，$K(x) > 0$ である点 x での曲面の形状は，式 (3.2) で表されるように，半径 R の球面の形状を用いて表される。したがって，$K(x)$ は，点 x において曲面を近似するのにもっとも適した球面の半径（の 2 乗の逆数）といえる。もし $K(x) < 0$ であれば，曲面は半径 R の双曲面（つまり，$x^2 + y^2 - z^2 = R^2$ で定義される曲面）で近似される。

もし曲率がゼロであれば，その曲面は「（内的に）平坦」といえる。たとえば，円筒は内的に平坦である。

3.1.3 一般座標

ガウスは，曲面を記述するために，一般座標というツールを導入した。おなじみの 3 次元ユークリッド空間にはめ込まれた，滑らかな (C^∞ 級)，そしておそらく湾曲している 2 次元曲面を考えよう。$X^I = (X^1, X^2, X^3) = (X, Y, Z)$ を 3 次元空間の直交座標とする。一般の曲面を表すために，次のように進めよう。曲面上で**任意の**座標 $x^a = (x^1, x^2)$ をとり，ユークリッド空間で座標 x^a をもつ点の位置を与えて曲面を指定する。すなわち，二つの変数をもつ三つの関数

$$\Sigma: \quad x^a \mapsto X^I(x^a) \tag{3.4}$$

を与える。たとえば，半径 1 の球面 S^2 は，球座標 $x^a = (\theta, \phi)$ ($\theta \in [0, \pi]$, $\phi \in [0, 2\pi]$) を用いて座標付けされ，よく知られた

$$X = \sin\theta\cos\phi, \quad Y = \sin\theta\sin\phi, \quad Z = \cos\theta \tag{3.5}$$

という関数で表される。座標 x^a は任意であり，ほかの無数の異なる方法でも選択できる。たとえば，上の例で取り上げたのと同じ球面を，

$$z = \cos\theta \tag{3.6}$$

とすることにより，座標 $\tilde{x}^a = (z, \phi)$ $(z \in [-1, 1])$ として表すことができる。この座標では，球面を表す式は

$$X = \sqrt{1 - z^2}\cos\phi, \quad Y = \sqrt{1 - z^2}\sin\phi, \quad Z = z \tag{3.7}$$

になる。一般に，座標 x^a で与えられた曲面は，滑らかで可逆な関数

$$\tilde{x}^a = \tilde{x}^a(x^a) \tag{3.8}$$

で表される新しい任意の座標 $\tilde{x}^a$ を用いて，いつでも書き換えることができる。

　なぜ**任意**の座標を使用するのだろうか？　その理由は，ユークリッド空間では直交座標を使うことが適しているが，一般の曲面では，このような適切な座標あるいは座標群が必ずしも存在しないからだ。もし曲面が（球面のように）何らかの対称性をもつのであれば，その対称性に適合した座標（上記の球座標のように）を使うのがよい。しかし，図 3.3 にあるでこぼこの彗星の表面に見られるように，任意の曲面に「自然な」座標は存在しない。任意の湾曲した空間を記述するには，任意の座標と付き合わなければならない。

　これから見ていくように，座標を選択するうえでのこの自由度が，湾曲した空間を記述する際に大きな役割を果たす。そして歴史的には，この自由度は，一般相対性理論が大きな混乱を生む要因ともなってきた。

■ デカルト座標と一般座標の違い

　ユークリッド空間には，デカルト座標という自然な座標（の仲間）がある。それらは，直交参照系の平面を用いて**幾何学的距離**を表す。一般に，任意の湾曲した曲面では，そのような好ましい座標は存在しない。湾曲した曲面を表す任意の座標には，**距離の意味はない**。

　アインシュタインは，一般相対性理論を構築するうえでの彼の最大の困難は，「座標の意味を理解する」ための闘争だったと書いている。概念的な難しさは，座標の概念を距離の概念から分離することだった。

座標特異点　一般座標を使うことを難しくする要素の一つに，すべての曲面を表すことができない（または，不都合が生じる）ことがある。どこかで何かが問題を起こすのだ。

　たとえば，よく知られた球面を表す球座標 (θ, ϕ) は，北極と南極のところでおかしなふるまいとなる。異なる ϕ にもかかわらず，座標点 $(0, \phi)$ は同一の点を表すのだ！

　ここでは，のちにブラックホールを扱うときに重要になる，もう一つの例を示そう。単純な曲面として，平面を考えてほしい。平面は，デカルト座標 X, Y をどちらも $[-\infty, \infty]$ の範囲で用いることにより，座標系を張ることができる。これらは，平面全体を覆うことができる「よい」座標系だ。しかし，代わりに $x = X, y = Y - 1/X$ という座標系を使うとどうなるだろうか。

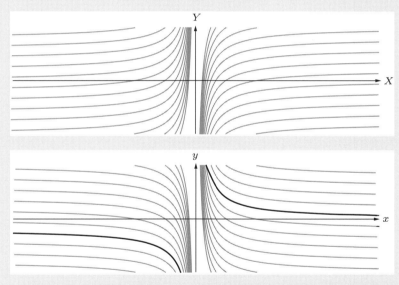

図 3.4　上：y 座標一定の線を，デカルト座標 X, Y で描いた平面上に表したもの。下：デカルト座標 Y 一定の線を，非デカルト座標 x, y の面上に表したもの。黒い線はデカルト座標の $Y = 0$ 軸である。無限大になるときにのみ，$x = 0$ に到達することに注意してほしい。x が正の領域から近づくと，$x = 0$ に達するところでおかしなことが生じるが，これは普通のデカルト座標面での「悪い」座標を設定した罰である。

x, y 座標系は，$x = 0$ で病的になる。実際に，図 3.4 上図で，デカルト座標 X, Y で描いた平面に y 一定の線を描いているが，$X = 0$ に近づくにつれておかしくなることがすぐにわかるだろう。$X = 0$ の線には $y \to \infty$ のときにのみ近づくことができるので，有限な y では決して近づけないことになっている。まるで，座標系が $X = 0$ の線を避けているかのようだ。いわば，「悪い」座標系を使ったことで，この線一つが空間から放り出されて無限の彼方へ追いやられているのだ。

教訓として知っておきたいのは，任意の座標系を使う場合，明らかに奇妙な現象が生じたとしても，それが単に「座標系に起因する」可能性につねに注意する必要があることだ。明らかに，北極の形状や平面の y 軸には何も奇妙なことはない。これから見ていくように，この事実は，ブラックホールの性質について理解しようとしたアインシュタインを含むすべての物理学者を，数十年の間悩ませてきた。

さて，ここからは，曲面の内的形状を表す二つの基本的な量を紹介していこう。どちらも埋め込みの手法は用いずに定義される。

3.1.4 　標枠場と計量

■ 標枠場 (Frame Field)

滑らかな曲面 Σ を考えると，この曲面は，任意の点 p において，p の接平面で近似できる。この接平面上で，点 p を原点とするデカルト座標系 $X_p^i = (X_p, Y_p)$ を考えよう。この座標系を曲面に射影する（接平面から直交する向きに下ろす）と，点 p の近傍で局所座標系 $X_p^i = (X_p, Y_p)$ が得られる。これは，「p での局所デカルト座標」と呼ばれる。Σ 上の任意の一般座標 x^a を与え，x_p^a を点 p の座標とし，この任意の座標系から局所デカルト座標への写像 $X_p^i(x^a)$ を考えよう。点 p におけるこの写像のヤコビ行列は，次のような 2×2 行列で表される。

$$e^i{}_a = \left. \frac{\partial}{\partial x^a} X_p^i(x^a) \right|_{x^a = x_p^a} \tag{3.9}$$

座標 x^a をもつ Σ の各点 p でこの手順を繰り返すことができるため，曲面上に $e^i{}_a(x^a)$ という**場**を考えることができる。この場は「標枠場 (frame field)」[‡1] あ

---

‡1 　訳者注：frame は，標構あるいは標枠と訳される。

るいは「二脚場（ディアド，dyad）」と呼ばれる。これは，ある点での任意の座標 x^a と，その点でのデカルト座標 X^i の間の関係を表す。あとで説明するように，この場は重力を表す。

■ 逆標枠場 (Inverse frame field)

もし x^a が 点 p のまわりで適切な座標であるなら，ヤコビ行列 $e^i{}_a$ の行列式はゼロではない。したがって，この 2×2 行列には逆行列がある。逆行列は $e^a{}_i$（添字の上下を入れ替えたもの）で表され，これはもちろん，デカルト座標から任意座標への逆変換を表すヤコビ行列

$$e^a{}_i = \left.\frac{\partial}{\partial X^i_p} x^a(X^i_p)\right|_{X^i_p=0} \tag{3.10}$$

となる。これは標枠場と同じ情報をもたらし，曲面に接する二つのベクトル場

$$e^a{}_i(x) = (\vec{e}_1(x), \vec{e}_2(x)) \tag{3.11}$$

として見ることができる。二つのベクトルは局所デカルト座標の方向を指しているため，これらは，各点で正規直交基底を形成する。図 3.5 を参照せよ。「標枠場」という名前は，この場が各点で局所デカルト座標系を定義するという事実に由来する。

具体例を示そう 単位球を座標 (θ, ϕ) で表したとき，極を除く一般の点の近傍では，座標 $X(\theta', \phi') = \theta' - \theta$ および $Y(\theta', \phi') = \sin\theta(\phi' - \phi)$ は，明らかに局所デカルト座標になる。そのため，単位球に対する標枠場は，次式で与えられる（この点の近傍での座標 θ', ϕ' と，場を計算する座標 θ, ϕ を混同しないように）。

$$e^i{}_a(\theta, \phi) = \begin{pmatrix} \left.\dfrac{\partial X}{\partial \theta'}\right|_{\theta,\phi} & \left.\dfrac{\partial X}{\partial \phi'}\right|_{\theta,\phi} \\ \left.\dfrac{\partial Y}{\partial \theta'}\right|_{\theta,\phi} & \left.\dfrac{\partial Y}{\partial \phi'}\right|_{\theta,\phi} \end{pmatrix} = \begin{pmatrix} 1 & 0 \\ 0 & \sin\theta \end{pmatrix} \tag{3.12}$$

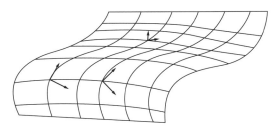

図 3.5　標枠場 $e^a{}_i(x) = (\vec{e}_1(x), \vec{e}_2(x))$ を設定することは，曲面の各点で二つの直交する接ベクトルを選ぶことに相当する。曲面上でこれらの場を知ることができれば，曲面が 3 次元空間にどのように埋め込まれているのかを知らずにいても，内部形状を決めるのに十分な情報になる。

■ SO(2) ゲージ

標枠を定義するときには自由度がある。デカルト座標は唯一のものではないからだ。座標 x^a の点 p において，私たちは異なるデカルト座標 $\tilde{X}^i$ を選ぶことができる。二つのデカルト座標の組は，たがいに $\tilde{X}^i = R^i{}_j X^j$ の関係で結ばれる。R は，SO(2) の回転行列である。標枠を変換すると，明らかに，二脚場は $e^i{}_a \to R^i{}_j e^j{}_a$ のように変換される。各点でデカルト座標を任意に選べることから，標枠場は

$$e^i{}_a(x) \to R^i{}_j(x)\, e^j{}_a(x) \tag{3.13}$$

のように変換される。これは，標枠場の SO(2) ゲージ変換と呼ばれる。

■ 標枠場は内的幾何形状を記述する

さて，ここからがメインだ。曲面上での座標 x^a にある点を考え，その近傍の点の座標を $x^a + dx^a$ とする。この 2 点間の**距離**はどう考えればよいだろうか。

もし 2 点が近ければ，dx^a の 1 次のオーダーで考えればよいだろう。2 点間のデカルト座標の差が

$$dX^i = \frac{\partial X^i(x^a)}{\partial x^a} dx^a = e^i{}_a(x)\, dx^a \tag{3.14}$$

となることから，デカルト座標での距離 ds は，

$$ds^2 = \sum_i dX^i\, dX^i \equiv \delta_{ij}\, dX^i\, dX^j \tag{3.15}$$

から与えられる。ここで，δ_{ij} は単位行列であり，添字がそろえば $\delta_{ii} = 1$ で，$i \neq j$ ならば $\delta_{ij} = 0$ である。また，同じ添字が上下にあれば和をとる規則を用いている。この最後の 2 式から，

$$ds^2 = \delta_{ij}\, e^i{}_a(x)\, e^j{}_b(x)\, dx^a\, dx^b \tag{3.16}$$

となる。これより，もし標枠場 $e^i{}_a(x)$ を手にすれば，曲面上の 2 点間の距離を計算できることになる。標枠場は曲面の内部距離を決定する。すなわち，曲面の内的形状を完全に記述するのだ。

■ 計量

式 (3.16) を

$$ds^2 = g_{ab}(x)\, dx^a\, dx^b \tag{3.17}$$

のように書くと便利である。ここで，

$$g_{ab}(x) = e^i{}_a(x)\, e^j{}_b(x)\, \delta_{ij} \tag{3.18}$$

である。場 $g_{ab}(x)$ は，リーマン (Riemann) 計量，あるいはもっと簡単に，曲面 Σ の「計量」と呼ばれる。添字に対して明らかに対称 ($g_{ab} = g_{ba}$) であり，構造上その行列式はゼロにはならず，すべての固有値は正となる（このことは，標枠場を対角化することによって簡単に確かめられる）。これが SO(2) ゲージ変換 (3.13) のもとで不変であることを示すのは容易である[**示せ！**]。回転行列 R が $R^i{}_k R^l{}_m \delta_{il} = \delta_{km}$ を満たすことを用いればよい。

あとで見るように，$g_{ab}(x)$ は，アインシュタインが重力場を表現するために用いた場である。のちに，$g_{ab}(x)$ は一般の重力を記述するには十分ではなく（たとえば，フェルミオンの取り扱いなどを記述できない），標枠場 $e^i{}_a(x)$ のほうがより完全な記法であることがわかった。

計量場または標枠場の注目すべき点は，これらが曲面の内的形状を表す際に，その曲面が 3 次元ユークリッド空間にどう埋め込まれているのかという情報を使わないことである（これが物理で重要であることをすぐに説明する）。このことを，もう少し詳しく見てみよう。

■ 曲線の長さ

内的形状は，曲面上の曲線の**長さ**を定義することによって始まる幾何学であることを思い出そう。曲面上に曲線 γ があるとき，計量を用いて，長さを次のように計算することができる。曲線に沿った任意のパラメータを τ とすると，曲線は，二つの 1 変数関数

$$\gamma: \quad \tau \mapsto x^a(\tau) \tag{3.19}$$

として表すことができる。曲線を $d\tau$ だけ無限小変位させると，座標の変位は $dx^a = (dx^a/d\tau)d\tau \equiv \dot{x}^a d\tau$ となり，その長さは，式 (3.17) より，

$$ds = \sqrt{g_{ab}(x(\tau))\, dx^a\, dx^b} = \sqrt{g_{ab}(x(\tau))\, \dot{x}^a\, d\tau\, \dot{x}^b\, d\tau}$$
$$= \sqrt{g_{ab}(x(\tau))\, \dot{x}^a\, \dot{x}^b}\, d\tau \tag{3.20}$$

となる。曲線の長さは，曲線に沿った積分

$$L[\gamma] = \int \sqrt{g_{ab}(x(\tau))\, \dot{x}^a\, \dot{x}^b}\, d\tau \equiv \int \sqrt{g_{ab}\, \dot{x}^a\, \dot{x}^b}\, d\tau \tag{3.21}$$

によって得られる。この表現は，曲面上の座標変換に対して不変である[示せ！]。また，曲線のパラメータのとり方を変えても不変である[示せ！]。この値は，曲線と曲面の形状によってのみ決まり，曲面上や曲線そのもので用いる座標系のとり方にはよらない。

曲面の計量場 $g_{ab}(x)$ を知ることができれば，曲面上の任意の曲線の長さがわかる。内的形状の定義そのものにより，計量場 $g_{ab}(x)$ あるいは計量を計算するための二脚場 $e^i{}_a(x)$ は，曲面の内的形状をすべて表現できる。

ガウス曲率 $K(x)$ は局所的な内的形状のみで決まり，これが計量によってすべて決まることから，$K(x)$ を，$g_{ab}(x)$ とその（1 階と 2 階の）微分の局所的な関数として表すことができる。このことが実に有用になる。公式そのものは，次章で任意次元の空間に対する一般的なものとして示したほうが簡単になる。よって，ここでは示さないが，すぐに登場する。

■ 角度

計量から，曲面上の二つのベクトルがつくる角度を計算することができる。曲面上の点 x^a にベクトル $\vec{V}$ があり，それが x^a の接平面内にあるとする。このベクトルをデカルト座標 X^i で表したときの成分を V^i とすると，一般的な座標 x^a で成分を示すには，

$$V^a \equiv e^a{}_i(x)V^i \tag{3.22}$$

という対応を用いればよい。点 p の接空間にある二つの単位ベクトルの成分を V^i, W^i としよう。これらはデカルト座標 X^i で表されているとする。二つのベクトルのなす角度は，初等幾何学によって

$$\cos\theta = \vec{V} \cdot \vec{W} = \delta_{ij}V^iW^j \tag{3.23}$$

となる。計量と V^a の定義を用いると，この式は

$$\cos\theta = g_{ab}(x)V^aW^b \tag{3.24}$$

となる。ベクトルの大きさ $|V|^2 = \delta_{ij}V^iV^j$ は

$$|V|^2 = g_{ab}(x)V^aV^b \tag{3.25}$$

となる。

■ 逆標枠場と逆計量

逆標枠場を用いると，計量の定義は

$$e^a{}_i(x)\,e^b{}_j(x)\,g_{ab}(x) = \delta_{ij} \tag{3.26}$$

となる。明らかに，逆標枠場は二つのベクトル場 $e^a_i(x) = (\vec{e}_1(x), \vec{e}_2(x))$ を表していて，図 3.5 に見られるように，これらは各点の接空間にて直交系を張る。つまり，

$$\vec{e}_i(x) \cdot \vec{e}_j(x) = \delta_{ij} \tag{3.27}$$

となっている。2×2 行列である g_{ab} の逆行列を逆計量 (inverse metric) とよび，g^{ab} とする。反変計量 (contravariant metric) と呼ばれることもあるこの量は，g_{ab} と同じ情報をもつ。これを用いると，先の式から，

$$g^{ab}(x)\, e^i{}_a(x)\, \delta_{ij} = e^b{}_j(x) \tag{3.28}$$

が得られる。この式から，「空間」を示す添字 $a, b, \cdots$ は計量とその逆計量によって矛盾なく上げ下げされ，「内部空間」を示す添字 $i, j, \cdots$ はクロネッカー (Kronecker) のデルタ δ_{ij} を用いて矛盾なく上げ下げされることがわかる。

　計量から得られる曲面の情報（長さ，角度，$\cdots$）は，計量場（あるいは標枠場）によるもので，座標によるものではない。デカルト座標 X^i はただちに距離を計算できるような定義になっているが，一般的な座標 x^a ではそうはなっていない。座標そのものは計量の情報をもたないのだ。

■ 座標変換と不変な幾何形状

　曲面上で座標を変換すると，標枠場は

$$e^i{}_a(x) \mapsto \tilde{e}^i{}_a(\tilde{x}) = \frac{\partial x^b}{\partial \tilde{x}^a} e^j{}_b(x(\tilde{x})) \tag{3.29}$$

のように変換され，計量場は次のような変換を受ける。

$$g_{ab}(x) \mapsto \tilde{g}_{cd}(\tilde{x}) = \frac{\partial x^a}{\partial \tilde{x}^c} \frac{\partial x^b}{\partial \tilde{x}^d} g_{ab}(x(\tilde{x})) \tag{3.30}$$

これらは容易に示すことができる[試みよ！]。

　この変換で関係付けられる二つの計量は，同じ曲面を異なる座標系で表現していることに対応する。そのため，曲面の形状について注目すべきは，場 $g_{ab}(x)$ ではなく，むしろ式 (3.30) で定義される同値関係のもとで場がどのような同値類にあるのか，という点だ。この同値類は，2 次元**形状** (geometry) と呼ばれる。たとえば，（計量）球は 2 次元形状であり，異なる $g_{ab}(x)$ を用いても表される。

3.2　リーマン幾何学

　1853 年，ガウスはある学生に，教授資格を得るための論文 ('Habilitations-schrift') のテーマとして，「『高次元での曲がった空間』の定義および研究による，上記の議論の高次元への一般化」という課題を与えた。その学生の名前は，

ベルンハルト・リーマンだった。その結果は，今日私たちが「リーマン幾何学」
と呼ぶものになった[†2]。これこそが，アインシュタインが重力を記述するため
に用いた数学である。

　リーマンのアイデアは，空間の**内的な形状のみ**を定義することだった。座標
系 x^a で張られた空間があり，計量場 $g_{ab}(x)$ あるいは二脚場 $e^i{}_a(x)$ を指定す
ることができれば，式 (3.17) から任意の曲線の長さを計算できるので，この空
間の内的形状がわかる。この空間が高次元にどう埋め込まれているのかを知る
必要はない。その情報は，内的形状には無関係だからだ。そのため，高次元空
間に埋め込むことなく，内的形状だけで空間を考えることができる。このこと
がわかれば，ガウスによる理論構築を高次元空間へと一般化することは容易で
ある。

■ リーマン空間の定義

　空間の次元が d で，一般的な座標 $x^a = (x^1, x^2, \cdots, x^d)$ が定義されていると
しよう。また，標枠場 $e^i{}_a(x)$ （添字 i は 1 から d まで動く）も同様に定義され
ているとしよう（$d = 3$ のときは「三脚場（トライアド，triad）」，$d = 4$ のと
きは「四脚場（テトラド，tetrad）」と呼ばれる。標枠場という名前も，同様に
「d 脚場（ドイツ語で d-bein field）」と呼ばれる）。すると，計量場は式 (3.18)
でただちに定義される。座標 x^a と $x^a + dx^a$ にある 2 点間の内的距離 ds は，
式 (3.17) で定義される。このリーマン計量を表す式はリーマン幾何学の基礎方
程式であるため，もう一度ここに書いておこう。

$$ds^2 = g_{ab}(x)\, dx^a\, dx^b \tag{3.31}$$

これは，幾何学を定義する式である。座標と計量は，リーマン空間を定義する。
曲線の長さは，式 (3.21) で定義される。内的形状は長さの概念で定義され，空
間が高次元でどう埋め込まれているのかには関係しない。座標系は任意に変換

---

†2　B. Riemann, 'Über die Hypothesen, welche der Geometrie zu Grunde liegen' ('On the hypothesis on which geometry is based'), Abhandlungen der Königlichen Gesellschaften der Wissenschaften zu Göttingen, vol. 13, 1867.

することができるため，リーマン幾何学は，同値関係を示す式 (3.30) のもとで
の，計量場 $g_{ab}(x)$ の同値類である。

■ 平坦な幾何学と曲がったリーマン幾何学

d 次元リーマン空間は，内的形状が d 次元ユークリッド空間と同じように定
義されるときは，「平坦 (flat)」と呼ばれる。この場合，曲率はゼロといえる。
そして，いつでもデカルト座標系を見つけることができ，その標枠場や計量は，

$$e^i{}_a(x) = \delta^i{}_a, \quad g_{ab}(x) = \delta_{ab} \tag{3.32}$$

の形になる。言い換えると，平坦なリーマン空間は，d 次元ユークリッド空間
と同等である。しかし，一般には，リーマン空間は平坦ではない。ピタゴラス
の定理が成り立たない，三角形の内角の和が π [rad] にはならないなどの性質を
もつ計量空間である。ただし，ガウスによって研究された曲面の内的形状のよ
うに，この空間を高次元に埋め込む必要はない。

あとで見るように，私たちが実際に住んでいる**物理的な**空間は，曲がったリー
マン空間である。ピタゴラスの定理は私たちの宇宙では成り立たない。（宇宙
の曲率が小さいため）破れの度合いは少しだけだが，破れていることに違いは
ない。

もちろん，だからといって数学的な定理が間違っているわけではない。ユー
クリッドによる要請，あるいは仮説として考えればよい。単に，実際の物理空
間ではこの要請が満たされていないだけなのだ。

■ リーマン空間の例*

リーマン空間を特定するためには，座標系（自明でないときには，その範囲
を含めて）を特定し，場 $e^i{}_a(x)$ あるいは計量場 $g_{ab}(x)$ をその座標の関数と
して与える必要がある。$g_{ab}(x)$ を与えるのに便利でよく使われる方法は，ds^2 を
陽に書き下すことだ。以下にいくつかの例を挙げる。

$$\text{平面：} \quad ds^2 = dx^2 + dy^2 \tag{3.33}$$

$$\text{単位球面：} \quad ds^2 = d\theta^2 + \sin^2\theta\, d\phi^2 \equiv d\Omega^2 \tag{3.34}$$

$$\text{楕円体：} \quad ds^2 = a\, d\theta^2 + b\sin^2\theta\, d\phi^2 \tag{3.35}$$

3 次元ユークリッド空間： $ds^2 = dx^2 + dy^2 + dz^2$ (3.36)

最初の行と 2 行目は，それぞれ

$$g_{ab}(x, y) = \begin{pmatrix} 1 & 0 \\ 0 & 1 \end{pmatrix}, \quad g_{ab}(\theta, \phi) = \begin{pmatrix} 1 & 0 \\ 0 & \sin^2 \theta \end{pmatrix}$$

を意味している。以降の行からも同様に計量場が書ける。この形式で書かれる量 ds は，「線素 (line element)」と呼ばれる。この概念を用いる利点は，座標変換がとくに簡単になることだ。たとえば，平面を極座標

$$x = r \sin \phi, \quad y = r \cos \phi \tag{3.37}$$

で表すならば，平面の計量を r, ϕ で表すために，式 (3.37) を微分することによって得られる

$$dx = dr \sin \phi + r \cos \phi \, d\phi, \quad dy = dr \cos \phi - r \sin \phi \, d\phi \tag{3.38}$$

を式 (3.33) へ**直接**代入すればよい。すなわち，

$$平面の極座標表示： \quad ds^2 = dr^2 + r^2 d\phi^2 \tag{3.39}$$

となる。

■ 埋め込み法による 2 次元球面の計量の導出*

球面の計量 (3.34) を導出する一つの方法に，球面を 3 次元ユークリッド空間で

$$X^2 + Y^2 + Z^2 = 1 \tag{3.40}$$

で定義される曲面として見ることから始めるものがある。このとき，この計量は

$$ds^2 = dX^2 + dY^2 + dZ^2 \tag{3.41}$$

となる。X, Y 空間で極座標 r, ϕ を用いると便利である。このとき，計量は

$$ds^2 = dr^2 + r^2 d\phi^2 + dZ^2 \tag{3.42}$$

となり，2 次元単位球面は，$r^2 + Z^2 = 1$ と定義できる。この関係を微分すると，$2Z dZ = -2r dr$ となる。これより，$dZ = -r dr/\sqrt{1 - r^2}$ となることから，

$$ds^2 = dr^2 + r^2 d\phi^2 + \frac{r^2}{1-r^2}dr^2 = \frac{dr^2}{1-r^2} + r^2 d\phi^2 \tag{3.43}$$

と得られる。ここで，$r \in [0,1]$ である。さらに，座標として $r = \sin\theta$ を導入すると，式 (3.34) が得られる[示せ！]。

式 (3.43) の座標 (r, θ, ϕ) には，赤道面 $r = 1$ では成分 $g_{rr}(r, \phi)$ が無限大となってしまう困難さがある。これは，「座標特異点」の例である。計量の発散は座標系の悪いふるまいを反映していて，実際の空間形状で特異なことは生じていない。この問題は，単純な座標変換によって（ここでは $r \to \theta$ とすることで）解決することができる。

■ 3 次元球面*

2 次元球面とも呼ばれる通常の球面は，一様であり（すべての点が同じ性質をもっている）等方である（すべての点のすべての方向が同じ性質をもっている）2 次元空間で，境界をもたず有限体積（面積）である。一様等方な 3 次元空間で，境界をもたず有限体積であるものを，3 次元球面 (3-sphere) と呼ぶ。

3 次元球面の計量を書くためには，上記の 2 次元球面の計量の導出と同じ手順を踏めばよい。一つ次元を加えるだけだ。3 次元球面はユークリッド空間において

$$X^2 + Y^2 + Z^2 + U^2 = 1 \tag{3.44}$$

で定義される曲面であり，計量は

$$ds^2 = dX^2 + dY^2 + dZ^2 + dU^2 \tag{3.45}$$

となる。X, Y, Z 空間で球座標 r, θ, ϕ を用いると便利であり，

$$ds^2 = dr^2 + r^2 d\Omega^2 + dU^2 \tag{3.46}$$

となる（$d\Omega^2$ は式 (3.34) で定義されたものだ）。また，$r^2 + U^2 = 1$ となる。この式を微分することによって $2UdU = -2rdr$ が得られ，これより，$dU = -rdr/\sqrt{1-r^2}$ となることを用いると，

$$ds^2 = dr^2 + r^2 d\Omega^2 + \frac{r^2 dr^2}{1-r^2} = \frac{dr^2}{1-r^2} + r^2 d\Omega^2 \tag{3.47}$$

が得られる。これが，r, θ, ϕ 座標で表された 3 次元単位球面だ。まとめると，

$$\text{単位 3 次元球面}: \quad ds^2 = \frac{dr^2}{1 - r^2} + r^2(d\theta^2 + \sin^2\theta \, d\phi^2) \tag{3.48}$$

となる。$r = \sin\psi$ として角度座標を用いると，

$$\text{単位 3 次元球面}: \quad ds^2 = d\psi^2 + \sin^2\psi(d\theta^2 + \sin^2\theta \, d\phi^2) \tag{3.49}$$

となる。ここで，$\psi \in [0, \pi], \theta \in [0, \pi], \phi \in [0, 2\pi]$ である。より大きな球面の計量は，計量の各成分に正の定数 a^2 を単に乗じることによって得られる。すなわち，

$$\text{3 次元球面}: \quad ds^2 = a^2\left(\frac{dr^2}{1 - r^2} + r^2(d\theta^2 + \sin^2\theta \, d\phi^2)\right) \tag{3.50}$$

となる。この定数 a は半径と呼ばれる。

通常の 2 次元球面を視覚化する一つの方法に，（北半球と南半球を表す）二つの等しい円盤を，それらの共通境界面（赤道面を表す円）で糊付けするというものがある。3 次元球面を視覚化する一つの方法は，（北半球と南半球を表す）二つの等しいボールを考え，それらの共通境界面（赤道面を表す 2 次元球）で糊付けすることである。図 3.6 を参照せよ。

練習問題
4 次元球面の計量を書け。

■ 一様な空間*

3 次元球面は一様等方空間で，**正の**定曲率をもつ。一様等方空間で曲率がゼロであれば，それはもちろんユークリッド空間だ。一様等方空間で，**負の**定曲率をもつものも存在する。4 次元ミンコフスキー空間におけるローレンツ双曲面 (hyperboloid) である。計量は，上記と同じ方法によって，

$$\text{3 次元双曲面}: \quad ds^2 = a^2\left(\frac{dr^2}{1 + r^2} + r^2(d\theta^2 + \sin^2\theta \, d\phi^2)\right) \tag{3.51}$$

と得られる。3 次元の一様等方空間を一般的に表す計量として，

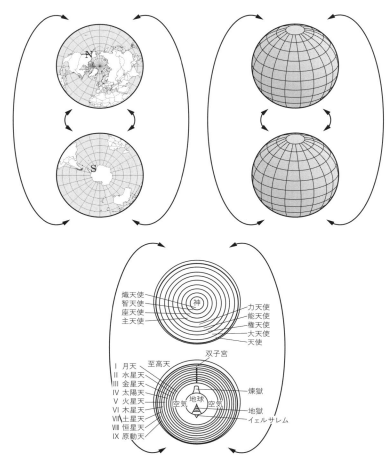

図 3.6　左上：二つの円盤を境界面（円）で糊付けして得られた 2 次元球面
[Sean Baker; CC BY 2.0]。右上：二つの球を境界面（2 次元球）
で糊付けして得られた 3 次元球面。下：ダンテによって描かれた宇
宙は 3 次元球面だった。

$$3\text{ 次元一様空間}: \quad ds^2 = a^2 \left(\frac{dr^2}{1 - kr^2} + r^2(d\theta^2 + \sin^2\theta \ d\phi^2) \right) \quad (3.52)$$

という表現がある。k は，1（球），-1（双曲面），0（ユークリッド空間）の三
つの値をとるパラメータである。あとで説明するように，これらの計量は，現

代の相対論的宇宙論において基本的な役割を担う。

■ ダンテ・アリギエーリ (Dante Alighieri)*

　私の知るかぎり，3次元球面の視覚化を最初に行ったのは，中世イタリアの偉大な詩人ダンテ・アリギエーリによる詩集『神曲』である‡2。ダンテは宇宙を，二つのボールを境界で糊付けしたものとして考えた。一つ目のボールは，地球を中心として，固定された星々がある球面を境界とするもの。もう一つは，神が中心にいて，神をとり囲む形で天使がいて，境界となる球面には固定された星々があるものである。ダンテの言葉には，二つのボールが「たがいに取り巻いている」とある。これは3次元球面の構成と同じである。図3.6を参照せよ。

■ ブルネット・ラティーニ (Brunetto Latini)*

　ダンテが14世紀にこの数学的実体の存在について直観を得ていたとは驚きだ。しかし，二つの理由から，もっともらしいともいえる。一つは，ニュートン以前では，ユークリッド幾何学による計量構造をもつ無限に大きな空間を考えることは，まだ主流ではなかったことだ（ユークリッドが描いたのは理想的な図形の幾何学であり，空間についてではなかったことを思い出そう）。

　二つ目はより興味深いもので，本書で説明している数学と関連している。ダンテの考えは，彼の教師だったブルネット・ラティーニの本によるところが大きい。その本には，地球の表面が球面であることが正確に描かれていたが，——この時代の読者を対象としたとしては驚くべきことに——外的な表現ではなく，内的な表現だったのだ。すなわち，ブルネットは，「地球はオレンジのような形だ」とは書かなかった。その代わりに，「もし騎士が一つの方向に進み，何も彼を遮るものがなかったならば，彼は出発点に戻ってくるだろう」と書いたのだ。球面をこのような風変わりな方法で記載した理由は，——察するに——地球表面での物理の一様性を強調したかったからではないだろうか。オレンジはつねに，物体が落下する方向とは反対側の「上側」と，落下する方向である「下側」

---

‡2　訳者注：邦訳の例として以下が挙げられる。ダンテ・アリギエーリ [著]，平川祐弘 [訳]，ギュスターヴ・ドレ [画]，『神曲【完全版】』（河出書房新社，2010）

をもつ。しかし，地球は違う。ブルネットはそれを理解していた。さて，もし
若いダンテが球面をこのような内的なふるまいで学んでいたなら，彼が3次元
球面の内的形状を想像できたとしても，それは驚くべきことではない。結局，3
次元球面は，「もし宇宙船が一つの方向に進み，何もその進路を妨げるものがな
ければ，宇宙船は出発点に戻ってくるだろう」と記述されるような空間にすぎ
ない。

3.2.1　測地線

　与えられた二つの点を結ぶ最短の線，いわば「内的な直線」のことを，「測地
線 (geodesic)」と呼ぶ。

　ユークリッド幾何学で直線が果たす役割と同じものを，リーマン幾何学では
測地線が担う。測地線は，両端を同じにするすべての曲線の中で，式 (3.21) を
最小化するような線として定義される。

■ 測地線方程式

　測地線は，測地線方程式 (geodesic equation) と呼ばれる局所的な方程式を
満たす。このことは，一般相対性理論で中心的なはたらきをする。この方程式
を導いてみよう。式 (3.21) で曲線を変化させる（両端は固定しておく）と，長
さの変化は次式のようになる。

$$\delta L[\gamma] = \int \delta \sqrt{g_{ab}\dot{x}^a\dot{x}^b}d\tau = \int \frac{\delta g_{ab}\dot{x}^a\dot{x}^b + 2g_{ab}\delta\dot{x}^a\dot{x}^b}{2\sqrt{g_{ab}\dot{x}^a\dot{x}^b}}d\tau \qquad (3.53)$$

曲線 γ を長さに等しいパラメータ τ で表すと便利である。$d\tau = ds$ としよう。
このパラメータを用いると，

$$|\dot{x}| = \sqrt{g_{ab}\dot{x}^a\dot{x}^b} = 1 \qquad (3.54)$$

となって，式 (3.53) の分母のルートの中が 1 となる（変分をとる**以前には**，この
パラメータ化を行ってはいけない。また，変分 δx^c は両端の点ではゼロとするこ
とをつねに要請する）。1 次のオーダーの変分は交換可能で，$\delta\dot{x}^a = (d/d\tau)\delta x^a$
となることから，τ の積分は，部分積分を用いて

$$\delta L[\gamma] = \frac{1}{2} \int \left(\partial_c g_{ab} \dot{x}^a \dot{x}^b - 2 \frac{d}{d\tau} (g_{cb} \dot{x}^b) \right) \delta x^c d\tau \tag{3.55}$$

となる。ここで，$\partial_c g_{ab} \equiv \partial g_{ab}/\partial x^c$ とした。部分積分によって出てくる境界項は，端点を固定しているため δx^c の変分がゼロになることから，消えている。元の曲線が測地線，すなわち最小の長さを与える曲線であれば，この変分は任意の $\delta x^c(\tau)$ に対してゼロになるはずである。したがって，括弧の中身はゼロになる。これより，

$$\partial_c g_{ab} \dot{x}^a \dot{x}^b - 2\partial_a g_{cb} \dot{x}^a \dot{x}^b - 2g_{cb} \ddot{x}^b = 0 \tag{3.56}$$

が得られる。この式の第 2 項を $\dot{x}^a \dot{x}^b$ の対称性を利用して二つに分け，第 3 項を右辺に回して，

$$\partial_c g_{ab} \dot{x}^a \dot{x}^b - \partial_a g_{cb} \dot{x}^a \dot{x}^b - \partial_b g_{ca} \dot{x}^a \dot{x}^b = 2g_{cd} \ddot{x}^d \tag{3.57}$$

としよう。行列 g_{cd} の逆行列で縮約すると，この式は

$$\ddot{x}^d + \Gamma^d{}_{ab} \dot{x}^a \dot{x}^b = 0 \tag{3.58}$$

のように書き直せる。ここで，$\Gamma^d{}_{ab}$ は次式で定義される。

$$\Gamma^d{}_{ab} = \frac{1}{2} g^{dc} (\partial_a g_{cb} + \partial_b g_{ca} - \partial_c g_{ab}) \tag{3.59}$$

物理では，この場は，イタリアの数学者トゥーリオ・レヴィ＝チビタ (Tullio Levi-Civita) にちなんで，レヴィ・チビタ接続とも呼ばれる。あるいは，ドイツの数学者エルウィン・ブルーノ・クリストッフェル (Elwin Bruno Christoffel) にちなんで，クリストッフェル記号とも呼ばれる（数学者たちはこれらの名称をもう少し微妙に使い分けるが）。測地線，すなわち 2 点間を結ぶ最短の曲線は，測地線方程式 (3.58) を満たし，そこでは式 (3.54) のパラメータ化が許される。

練習問題

　2 次元球面の子午線と緯度線を与える式を書き，それらが測地線方程式の解となっているかどうかを示せ。測地線の長さの式を用いて，それらの長さを計算せよ。同じ問題を 3 次元球面についても考えよ。

3.2.2　リーマン空間での場と微分

■ スカラー場

リーマン空間で，空間の各点で実数に結びつくスカラー場 $\varphi(x)$ を定義することができる。もし異なる座標 $x \to \tilde{x}(x)$ を用いるのならば，同じ場が異なる関数で表現されることは明らかだ。先の例でいえば，

$$\tilde{\varphi}(\tilde{x}) = \varphi(x(\tilde{x})) \tag{3.60}$$

となる。

■ ベクトル場

リーマン空間でのスカラー場はただちに定義することができたが，ベクトル場の定義は少し手の込んだものになる。その理由は，R^3 にある 2 次元曲面 Σ の点 p にあるベクトルは，初等幾何学でよく知られるように，点 p における Σ の接空間 T_p の要素であるからだ。接空間は，Σ が埋め込まれている R^3 空間における一平面である。しかし，リーマン空間は埋め込みの仕方によらず定義される。そうすると，空間のある点でのベクトルとは何なのだろうか？

物理の教科書におけるベクトル場の定義は共通ではないようだ。二つの例を示すことから始めよう。

第1の例：スカラー場の微分によって次式のように決まる量 $w_a(x)$ を考えよ。

$$w_a(x) \equiv \frac{\partial \varphi(x)}{\partial x^a} \tag{3.61}$$

ライプニッツのルールを用いて，この式が異なる座標では次式になることを示すのは簡単だ[**示せ！**]。

$$\tilde{w}_a(\tilde{x}) \equiv \frac{\partial x^b}{\partial \tilde{x}^a} w_b(x(\tilde{x})) \tag{3.62}$$

座標変換によって w_a のように変換される場を**共変ベクトル場** (covariant vector field) と呼び，添字を下付きにして表す。

第2の例：一方で，空間には粒子の流れがあり，各点 x にて速度が $v^a(x) = dx^a/dt$ であるとする。座標変換を行うと，ライプニッツのルールから，

$$\tilde{v}^a(\tilde{x}) = \frac{\partial \tilde{x}^a}{\partial x^b} v^b(x(\tilde{x})) \tag{3.63}$$

となり[示せ!]，これは式 (3.62) とは異なる（新しい座標 $\tilde{x}^a$ は，ヤコビ行列中では分母ではなく分子に登場する）。座標変換によって v^a のように変換される場を**反変ベクトル場** (contravariant vector field) と呼び，添字を上付きにして表す。

これらの変換ルールを用いて，もし $v^a(x)$ が反変ベクトル場であれば，$v_a(x) \equiv g_{ab}(x)\, v^b(x)$ は共変ベクトル場である，ということを示すのは簡単だ。同じ文字を使ってこのように共変場と反変場を表すことは慣例になっている。これらは，ひとたび計量 $g_{ab}(x)$ が知られていれば，ある意味同じ情報をもっているといえる。

■ テンソル場

定義により，「テンソル」は式 (3.62) の変換規則に従う複数の下付きの添字と，式 (3.66) の変換規則に従う複数の上付きの添字をもつ場である。

$$\tilde{T}^{a\cdots}{}_{b\cdots}(\tilde{x}) = \frac{\partial \tilde{x}^a}{\partial x^c} \cdots \frac{\partial x^d}{\partial \tilde{x}^b}\, T^{c\cdots}{}_{d\cdots}(x(\tilde{x})) \tag{3.64}$$

計量 g_{ab} はテンソルである。式 (3.30) は，式 (3.64) の特別な例となっている。

テンソルの間に成り立つ方程式は，テンソル方程式と呼ばれる。テンソルの変換式は線形であるため，テンソル方程式が一つの座標系で成り立つならば，その方程式はすべての座標系でも成り立つ。ある一つの座標系でテンソルがゼロであれば，ほかの座標でもゼロになる。

注意してほしいのは，添字をもつすべての場がテンソルというわけではないということだ。たとえば，クリストッフェル記号 $\Gamma^a{}_{bc}$ はテンソルではない。座標変換にともなう $\Gamma^a{}_{bc}$ の変換は定義式より導出されるが，その結果は式 (3.64) のようではない[示せ!]。

少し明快な数学 添字付きの量が座標変換でどうふるまうかという上記のベクトル場（およびテンソル場）の定義は，物理の教科書でよく見かけるものだ。私はそれを見るたびに違和感を覚える。そこで，数学者による，より明快な定義をここで紹介しよう。

直観的に見れば，接空間は，各点における「長さをもった方向」からなる空間である。数学者は，この概念を厳密に使って，点 p でのスカラー場 $\varphi(x)$ に作用する微分演算子として（反変）ベクトル v を定義する。v は，ある方向に動くときにスカラー場がどれだけ変化するかを測る。座標 x^a で表現された一般的な形は

$$v \equiv v^a \left. \frac{\partial}{\partial x^a} \right|_{x_p} \tag{3.65}$$

となる。ここで，x_p は p の座標である。p でのこれらの微分演算子の組は，（座標 v^a で表現された）ベクトル場をつくり，それらは**定義により**，p での接空間 T_p である。v^a は，ベクトル $e_{(a)} \equiv (\partial/\partial x^a)|_{x_p}$ を基底にしたベクトル v の成分である。この成分は，座標変換に従って次式のように変換する。

$$\tilde{v}^a = \frac{\partial \tilde{x}^a}{\partial x^b} v^b \tag{3.66}$$

これはライプニッツのルールで簡単に導くことができる[**示せ！**]。

「共変」ベクトル w は，T_p に双対な空間 T_p^* の要素で，T_p の線形写像である。座標 x^a を与えると，この写像は $w(v) = w_a v^a$ となる。そのため，座標系 x^a は共変ベクトルの成分 w_a を決め，添字が下付きのものとして書かれる。

この言葉では，計量 g は，写像 $g : T_p \to T_p^*$ と理解されるのがおもしろい。つまり，接空間が双対構造をもつものとして認識されていることになる。成分で見ると，各点にて $w = g(v)$ は $w_a = g_{ab} v^b$ となる。これは，接空間でスカラー積を $(v, v') \equiv g(v)(v')$ と定義する。ノルムは $|v|^2 = (v, v)$ となる。これらより，任意の曲線 γ の長さは，微分演算子 $\dot{\gamma}(\varphi) = (d/dt)\varphi(\gamma(t))$ で定義される接線 $\dot{\gamma}$ のノルムを（曲線 γ に沿って）積分することで得られる。

リーマン空間は，各点で接空間とその双対空間の間を結ぶ正準対応をもつ空間（多様体）にほかならない。

■ 共変微分

テンソル間の方程式は，一つの座標系で成り立てば，ほかの座標系でも同様

に成り立つ。よって，テンソルであることは重要である。テンソルで書かれた
方程式は，特定の座標系に依存しない関係式といえるからだ。

テンソルの微分は一般にはテンソルではないことも重要だ。たとえば，量
$\partial_a v^b \equiv \partial v^a / \partial x^b$ はテンソルではない。これは，変換されたテンソルの微分がヤ
コビ行列 $\partial \tilde{x}^a / \partial x^b$ の微分を含み，この量が一般には定数ではないことに起因す
る。しかし，

$$D_a v^b \equiv \partial_a v^b + \Gamma^b_{ac} v^c \tag{3.67}$$

という量を定義すると，これはテンソル量になる。このことは，具体的に計算
して示すことができる[**示せ！**]。この量は，v^a の「共変微分」と呼ばれる。共
変テンソルの共変微分は符号を変えて定義され，

$$D_a w_b \equiv \partial_a w_b - \Gamma^c_{ab} w_c \tag{3.68}$$

となる。添字をもっと多くもつテンソルの共変微分は，それぞれの添字に対し
て同様の項を加えたものになる。たとえば，

$$D_a w^b{}_c \equiv \partial_a w^b{}_c + \Gamma^b_{ad} w^d{}_c - \Gamma^d_{ac} w^b{}_d \tag{3.69}$$

のようになる。共変微分は座標系に依存しない概念だ。あるテンソル場 $T^b_a = D_a v^b$ が，ある座標系でのベクトル場 v^a の共変微分であるとすると，ほかの座
標系でも同じことになる。これは，たとえば $\partial_a v^b = T^b_a$ では成り立たない性
質だ。

もし，あるベクトルの経路 γ に沿った共変微分がゼロであれば，つまり，
$\dot{\gamma}^a D_a v^b = 0$ であれば，そのベクトルと経路の接線方向との角度は，経路に沿っ
て一定に保たれる。このことは，この方程式が座標に依存せず，局所的なデカル
ト座標で成立することから直接導かれる。このようなベクトルは，経路に沿っ
て「平行移動」されたという。この結果は Γ^a_{bc} の意味付けを明確にする。Γ^a_{bc}
はベクトルを平行移動する方法を示すのだ。

方程式が座標に依存せず，局所デカルト座標で成り立つという事実から，た
だちに導かれるもう一つの結果は，

$$D_a g_{bc} = 0 \tag{3.70}$$

である。

3.2.3　リーマン幾何学

　これらのツールを手に入れたので，ここで重要な質問をしよう。計量場 $g_{ab}(X)$ で定義される内的形状が平坦であることは，いつ判明するのだろうか？　明らかに，計量場が定数であれば，すなわち，

$$g_{ab}(X) = \delta_{ab} \tag{3.71}$$

であれば，平坦形状である。なぜなら，距離が

$$ds^2 = \delta_{ab}\, dX^a\, dX^b \tag{3.72}$$

で与えられ，これは座標 X^a がユークリッド空間のデカルト座標であることを意味するからだ。しかし，もし私たちが新しい座標 x^a を導入し，計量が

$$g_{ab}(x) = \delta_{cd} \frac{\partial X^c}{\partial x^a} \frac{\partial X^d}{\partial x^b} \tag{3.73}$$

となったとしても，内的形状は平坦である。なぜなら，内的形状は座標変換によって変化しないからだ。いったいどうやって，与えられた $g_{ab}(x)$ が平坦な内的形状をもつことを判別できるだろうか？

　この疑問に答えるため，ベクトル場に作用する二つの共変微分の交換子を計算しよう[示せ！]。計算の結果は，

$$D_a D_b v^c - D_b D_a v^c = R^c{}_{dab} v^d \tag{3.74}$$

となる。ここで，

$$R^a{}_{bcd} = \partial_c \Gamma^a{}_{bd} - \partial_d \Gamma^a{}_{bc} + \Gamma^a{}_{ce}\Gamma^e{}_{bd} - \Gamma^a{}_{de}\Gamma^e{}_{bc} \tag{3.75}$$

である。式 (3.74) の左辺はテンソルであるから，右辺もテンソルである。そのため，$R^a{}_{bcd}$ もテンソルである（$\Gamma^a{}_{bc}$ がテンソルではないにもかかわらず，この量はテンソルとなる。そのためこの変換は，これまでのものよりずっと複雑なものになる）。

　空間が平坦であれば，大域的にデカルト座標を張ることができる。これらの座標では，$g_{ab}(x) = \delta_{ab}$ となり，$\Gamma^c{}_{ab}$ の値はゼロとなる（計量の微分だけからなる量だからだ）。それゆえ，$R^a{}_{bcd} = 0$ となる。しかし，$R^a{}_{bcd}$ はテンソ

ルだ。一つの座標系でゼロとなるならば，すべての座標でゼロとなる。そのため，空間が平坦かどうかを確かめるための方法が一つわかった。平坦な時空なら $R^a{}_{bcd} = 0$ を満たすはずだ。

リーマンは，$R^a{}_{bcd} = 0$ が，空間が平坦であることの必要条件だけではなく，十分条件であることも示した。言い換えると，ある領域で，座標系を変えて計量を式 (3.71) の形にできるということは，その領域で $R^a{}_{bcd} = 0$ であることと必要十分である（解析用語で言うと，$R^a{}_{bcd} = 0$ は，$g_{ab}(x)$ が与えられたもとで式 (3.73) を $X^a(x)$ について解くための可積分条件である）。

式 (3.75) で定義された $R^a{}_{bcd}$ は，リーマン曲率あるいはリーマンテンソルと呼ばれる。これは，内的形状に対するガウス曲率を任意次元空間に一般化したものだ。リーマンの論文の美しい結論である。

■ リーマン曲率の幾何学的意味と特徴

リーマン曲率は重要な量である。理解するには，初めの二つの添字と後ろの二つの添字を分けて考えるとよい。後半二つの添字（その定義から明らかなように，反対称である）は，局所的に一つの平面を決めるものだ（たとえば，これらの添字が $(c = 1, d = 2)$ であれば，これは座標 x^1 と x^2 で張られる面を決定する）。初めの二つの添字は無限小回転行列を与える。幾何学的意味は次のとおりである。2 次元での曲率 (3.1) の定義を思い出そう。この式は，ループに沿って平行移動されたベクトルの回転角をその面積で割った値（の無限小極限）を与える。高次元では，後ろの二つの添字がどの平面にループがあるのかを特定し，初めの二つの添字はそのループに沿って平行移動したときのベクトルの無限小回転を与える。以下では，この事実を表す式を紹介する。

与えられた**一つの**点 x で，計量が $g_{ab}(x) = \delta_{ab}$ の形となるような座標系をいつでも選択することができる。また，$g_{ab}(x)$ を対角化することができ，座標系を適度に伸縮させることもできる。

実は，与えられた**一つの**点 x で，それ以上のことが可能だ。計量場がこのユークリッド形式をもち，**かつ**その 1 階微分がすべて消えるような（すなわち，$\Gamma^a{}_{bc}$ がゼロとなるような）座標系を，いつでも選択することができる。これは，その点の局所デカルト座標である。これが可能なのは，距離の 1 次のオーダーの

範囲では，接空間とそこでのデカルト座標を用いて，いつでも形状を近似することができるからだ。曲率は計量テンソルの **2階の微分**のみで計算される。

■ 測地線偏差 (geodetic deviation)

近接した二つの測地線があり，ある区間で平行，すなわち，それらの距離の微分がゼロであるとしよう。平坦な空間では，これらは平行な直線で，たがいに近づくことはない。リーマン時空では，このことはもはや成り立たない（球面を考えよ）。両者の距離を δx^a，接線を $\dot{x}^a$，そして測地線の共変微分を $Dv^b/D\tau = dv^b/d\tau + \dot{x}^a \Gamma^b{}_{ac} v^c$ とすれば，

$$\frac{D^2}{D\tau^2} \delta x^a = R^a{}_{bcd} \delta x^c \dot{x}^b \dot{x}^d \tag{3.76}$$

という式が成り立つ。これより，曲がった空間での測地線どうしが収束するかどうかを，リーマン曲率が示していることがわかる。

■ リッチ曲率，リッチスカラー，ビアンキ恒等式

計量とその1階微分と2階微分を用いてつくることができるテンソルは，リーマン曲率以外には，そのゼロではない縮約をとるもの，すなわち，

$$R_{ab} = R^c{}_{acb}, \quad R = g^{ab} R_{ab} \tag{3.77}$$

のみであることが定理として知られている。イタリアの数学者グレゴリオ・リッチ＝クルバストロ (Gregorio Ricci-Curbastro) にちなんで，初めのものはリッチ (Ricci) 曲率またはリッチテンソルと呼ばれ，二つ目のものはリッチスカラーと呼ばれる。あとで見るように，これらは一般相対性理論の中で，ある一つの役割を担う。

最後に，リーマン曲率は次の微分形の恒等式を満たすことが，直接計算によりわかる。

$$D_e R^{ab}{}_{cd} + D_d R^{ab}{}_{ec} + D_c R^{ab}{}_{de} = 0 \tag{3.78}$$

これらは，ビアンキ (Bianchi) 恒等式と呼ばれ，マクスウェルテンソルが満たす恒等式 $\partial_e F_{cd} + \partial_d F_{ec} + \partial_c F_{de} = 0$ の類推に相当する。

■ 微分形式*

微分形式は，一般相対性理論の便利で新しい数学的記述法を提供する。この記法は，表記を簡単にして，数学的に見通しのよい方法をもたらす。今後本書ではそれほど使うわけではないが，説明を完全にするために，ここで微分形式を紹介しよう。

添字を p 個もつ共変テンソル $T_{abc\cdots}$ で，すべての添字について完全反対称のものは，微分 p-形式 (differential p-form) と呼ばれ，簡単な記法として

$$T = \frac{1}{p!}T_{abc\cdots}dx^a \wedge dx^b \wedge dx^c \cdots \qquad (3.79)$$

と書くことができる。ここで，$dx^a \wedge dx^b \equiv dx^a dx^b - dx^b dx^a$ である。d 次元では，d 個より多くの添字をもつ完全反対称テンソルはあり得ないので，$0 \leq p \leq d$ である。p-形式と q-形式のウェッジ積（くさび積）$V = T \wedge U$ は，すべての添字を反対称にした $V_{abc\cdots def\cdots} = ((p+q)!/(p!q!))T_{[abc\cdots}U_{def\cdots]}$ で与えられる。たとえば，$T = T_a dx^a$ と $S = S_a dx^a$ のウェッジ積は

$$F \equiv T \wedge S = (T_a S_b - T_b S_a)dx^a \wedge dx^b \qquad (3.80)$$

となる。p-形式に作用する微分演算子 d は

$$dT = (p+1)\partial_a T_{bcd\cdots}dx^a \wedge dx^b \wedge dx^c \wedge dx^d \cdots \qquad (3.81)$$

であり，p-形式を $(p+1)$-形式へと変化させる。また，基本的な関係として

$$d^2 = 0 \qquad (3.82)$$

が成り立つ[示せ！]。スカラー関数は 0-形式であり，共変ベクトルは 1-形式である。3 次元では，2-形式は極ベクトルであり，勾配・回転・発散の演算子は，それぞれ 0-, 1-, 2-形式に作用する d 演算子になる[示せ！]。そのため，この言語は，ベクトル解析のおもしろい構造に微分階数を持ち込むことになる。

p-形式 T の積分を p-次元面 Σ_p にて行うと，

$$I = \int_{\Sigma_p} T \equiv \int_{\Sigma_p} T_{abc\cdots}dx^a \, dx^b \, dx^c \cdots \qquad (3.83)$$

となり，この値は座標系のとり方によらない。そのため，幾何学的によい性質を

もつ量である。3次元でのベクトル解析にて得られる似たような結果を一般化した重要な定理として，フランスの数学者エリ・カルタン (Élie Joseph Cartan) が示したストークス (Stokes) の定理

$$\int_{\Sigma} d\omega = \int_{\partial\Sigma} \omega \tag{3.84}$$

がある。ここで，ω は p-形式であり，Σ は $(p+1)$ 曲面，$\partial\Sigma$ はその境界を表す。

四脚場 $e^i{}_a$ は，1-形式

$$e^i = e^i{}_a \, dx^a \tag{3.85}$$

を定義する。1-形式は，$T(v)(x) \equiv T_a(x)v^a(x)$ としてベクトルと縮約すると，数になる。この意味で，1-形式はベクトルに双対である。測地線方程式を微分形式の言葉で書くと，

$$\frac{d}{d\tau} e^i(\dot{x}) + w^i{}_j(\dot{x}) \, e^j(\dot{x}) = 0 \tag{3.86}$$

となる。ここで，ω^{ij} はスピン接続と呼ばれる 1-形式であり，

$$de^i + w^i{}_j \wedge e^j = 0 \tag{3.87}$$

で定義される。スピン接続は，内部添字をもつテンソルの共変微分を

$$D_a v^i \equiv \partial_a v^i + w^i{}_{aj} v^j \tag{3.88}$$

と定義する。直接計算により，この量はテンソルとして変換されることがわかる。

微分形式を用いたリーマンテンソルは，スピン接続の曲率であり，

$$R^{ij} = d\omega^{ij} + \omega^i{}_k \wedge \omega^{kj} \tag{3.89}$$

として定義される。これは，通常のリーマンテンソルと

$$e_{bj} R^{ij}{}_{cd} = e^i{}_a R^a{}_{bcd} \tag{3.90}$$

として関係している。縮約をとった $R^i{}_a \equiv e^b{}_j R^{ij}{}_{ab}$ は，リッチテンソルと $R^i{}_a = \delta^{ij} e^b{}_j R_{ab}$ の関係となる。

■ カルタン幾何学*

数学者カルタンはリーマン幾何学を拡張し，今日カルタン幾何学と呼ばれる

ものを定義した。出発点は，**独立な**場として e^i と ω^{ij} を考えることである。これらが独立とすれば，式 (3.87) は満たされず，その代わりに，ねじれ (torsion) と呼ばれる量

$$T^i = de^i + \omega^i{}_j \wedge e^j \tag{3.91}$$

を定義することができる。式 (3.91) と 式 (3.89) の 2 式は，ねじれと曲率を定義するもので，カルタンの第 1 構造方程式および第 2 構造方程式と呼ばれる。カルタン幾何学でねじれをゼロとしたものがリーマン幾何学である。

　リーマン幾何学のカルタン幾何学への拡張は，重力場をフェルミオン粒子と作用させる研究でしばしば使われる。しかし，これまでのところ，物理的な応用で直接中心的な役割を担ったことはない。

■ 微分形式を用いた曲率と測地線の計算*

　微分形式を用いた計算の簡単な例として，単位球のリッチテンソルを計算しよう。球面の二脚場は，式 (3.34) から，

$$e^1 = d\theta, \quad e^2 = \sin\theta\, d\phi \tag{3.92}$$

として設定できる。式 (3.87) を陽に書き下すと

$$de^1 + \omega^{12} \wedge e^2 = 0 \tag{3.93}$$

$$de^2 + \omega^{21} \wedge e^1 = 0 \tag{3.94}$$

となり，二脚場の値を代入すると，

$$\omega^{12} \wedge \sin\theta\, d\phi = 0 \tag{3.95}$$

$$\cos\theta d\theta \wedge d\phi + \omega^{21} \wedge d\theta = 0 \tag{3.96}$$

となる。最初の式からは $\omega^{12}{}_\theta = 0$，2 番目の式からは $\omega^{12}{}_\phi = -\cos\theta$ が得られる。したがって，

$$\omega^{12} = -\cos\theta\, d\phi \tag{3.97}$$

である。曲率の定義式より，

$$R^{12} = d\omega^{12} + \omega^{1k} \wedge \omega^{k2} = \sin\theta\, d\theta \wedge d\phi \tag{3.98}$$

となる。ここで，第 2 項は消えている。R^{ij} の対角項も同様に消えることがわ

かる．最終的に，リッチスカラーは，

$$R = e^a{}_i e^b{}_j R^{ij}{}_{ab} = e^1{}_1 e^2{}_2 R^{12}{}_{12} + e^2{}_2 e^1{}_1 R^{21}{}_{21} = 2\frac{\sin\theta}{\sin\theta} = 2 \quad (3.99)$$

と求められる．

　2番目の練習として，子午線と緯度線が測地線となっているかどうかを見てみよう．子午線は $x^a = (s, \phi_0)$ として与えられるので，$\dot{x}^a = (1, 0)$ である．それゆえ，$e^i(\dot{x}) = (1, 0)$ および $\omega^{12}(\dot{x}) = 0$ となり，これらは明らかに測地線方程式を満たす．緯度線は $x^a = (\theta_0, s/\sin\theta_0)$ で与えられる．ここで，係数 $1/\sin\theta_0$ は，ds が固有長さであることを保証する．それゆえ，$\dot{x}^a = (0, 1/\sin\theta_0)$ となる．したがって，$e^i(\dot{x}) = (0, 1)$ および

$$\omega^{12}(\dot{x}) = -\frac{\cos\theta_0}{\sin\theta_0} \quad (3.100)$$

となり，測地線方程式は

$$e^1(\dot{x}) + \omega^{12}(\dot{x}) \wedge e^2(\dot{x}) = 0 \quad (3.101)$$

$$e^2(\dot{x}) + \omega^{21}(\dot{x}) \wedge e^1(\dot{x}) = 0 \quad (3.102)$$

となる．初めの式はつねにゼロとなる．2番目の式は第2項のみが残り，

$$-\cos\theta_0 \, d\phi \wedge \sin\theta_0 \, d\theta = 0 \quad (3.103)$$

となる．これは，$\cos\theta_0 \sin\theta_0$ がゼロのときのみ，つまり，$\theta_0 = 0, \pi/2, \pi$ のときのみ成り立つ．したがって，（正確には）測地線となる緯度線は，赤道面と，北極と南極に存在する縮退した緯度線のみだ，といえる．

3.3　幾何学

　三脚場 $e^i{}_a(x)$ と計量 $g_{ab}(x)$ のある3次元空間を考えよう．幾何学量は以下のように表現できる．

　すでに見たように，$x^a(\tau)$ で定義される曲線 γ の長さは，

$$L[\gamma] = \int_\gamma \sqrt{g_{ab}\frac{dx^a}{d\tau}\frac{dx^b}{d\tau}} \, d\tau = \int_\gamma \sqrt{e^i(\dot{x})e^j(\dot{x})\delta_{ij}} \, d\tau \quad (3.104)$$

である。

有界な領域 R の体積は，

$$V[R] = \int_R \sqrt{\det[g]}\, d^3x = \int_R \det[e]\, d^3x = \frac{1}{3!}\int \epsilon_{ijk} e^i \wedge e^j \wedge e^k \quad (3.105)$$

で与えられる。

次に，2 次元面 S が座標 σ と τ で表現された空間に埋め込まれていて，$x^a(\sigma, \tau)$ という関数で定義されるとしよう。この曲面の接線は，

$$\dot{x}^a = \frac{\partial x^a}{\partial \sigma}, \quad \hat{x}^a = \frac{\partial x^a}{\partial \tau} \quad (3.106)$$

である。曲面の面積は，曲面内にある計量 $g^{(2)}$ の行列式の平方根を積分することで求められ，

$$\begin{aligned}
A[S] &= \int_S \sqrt{\det\left[g^{(2)}\right]}\, d\sigma\, d\tau \\
&= \int_S \sqrt{(g_{ac}g_{bd} - g_{ab}g_{cd})\dot{x}^a \hat{x}^b \dot{x}^c \hat{x}^d}\, d\sigma\, d\tau \\
&= \int_S \sqrt{E^i{}_{ab} E^i{}_{cd} \dot{x}^a \hat{x}^b \dot{x}^c \hat{x}^d}\, d\sigma\, d\tau \\
&\equiv \int_S |E|
\end{aligned} \quad (3.107)$$

となる。ここで，2-形式

$$E^i = E^i{}_{ab}\, dx^a \wedge dx^b = \frac{1}{2}\epsilon_{ijk}\, e^j \wedge e^k \quad (3.108)$$

は，「アシュテカ (Ashtekar) の電場」あるいは「重力的電場 (gravitational electric field)」と呼ばれる。そのため，「面積は，重力的電場のノルムである」ということができる。

3.3.1 ローレンツ幾何学

リーマン幾何学は，各点でユークリッド空間としてよく近似できるという特徴をもっている。これこそが，アインシュタインが曲がった空間の記述に使え

ると気づいた数学だ。しかし，リーマン幾何学は，アインシュタインが必要としていた数学そのものとまったく同じではなかった。彼が必要としたのは，リーマン幾何学を少し修正したもの，つまり，曲がった**時空**を記述するような数学だったのだ。すなわち，空間は各点で**ミンコフスキー空間**として近似できることが必要だった。

この拡張は簡単にできる。式 (3.18) を

$$g_{ab}(x) = \eta_{ij} e^i{}_a(x) e^j{}_b(x) \qquad (3.109)$$

に置き換えれば十分である。ここで，$\eta_{ij} = \mathrm{diag}[-1, 1, 1, 1]$ はミンコフスキー計量である。

式 (3.109) の計量で定義される空間は，擬リーマン的 (pseudo Riemannian)，あるいはローレンツ的 (Lorentzian) と呼ばれる。リーマン空間との違いは，単に，計量の符号が $(+, +, +, +)$ ではなく $(-, +, +, +)$ であることだけだ。すなわち，行列 $g_{ab}(x)$ は各点で負の固有値を一つ，正の固有値を三つもつということだ。

ローレンツ空間を取り扱う際には，内部添字 $i, j, \cdots$ の上付きと下付きの区別に注意しなければならない。添字は，η_{00} の符号が負であるために，特殊相対性理論でそうだったように，ミンコフスキー計量を用いて上げ下げされる。

ローレンツ幾何学では，式 (3.17) の値が負・正・ゼロに対応して，2 点間の関係は時間的 (timelike)・空間的 (spacelike)・光的（null）となる。2 点を結ぶ線は，$|\dot{x}|^2$ が全領域で負・正・ゼロであれば，それぞれ時間的・空間的・光的である。

そのため，ローレンツ空間では，局所的光円錐の構造がおもしろい。すべての点で光円錐があり，それらの光円錐は，時空点を移動すると少しずつ構造が変化している。図 3.7 を参照せよ。

閉じた時間的曲線が存在しないのならば，ミンコフスキー空間と同様に，この構造は点列の部分的順序付けを定義する。つまり，すべての点は「未来」と「過去」の領域（二つの領域へは時間的な線を用いて到達できる）をもつとともに，そのどちらでもない領域も存在する（与えられた点から空間的に分離されている点の集合のことであり，「延長された現在」とも呼ばれる領域である）。

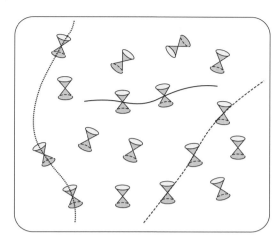

図 3.7　ローレンツ幾何学を表す図。各点で局所的な光円錐が存在する。時間的（点線），光的（破線），空間的（実線）な線の接線が，円錐の内側，境界，外側にそれぞれ対応する。

次に続く章では，実際に曲がったローレンツ空間を見ていく。以下では，ミンコフスキー空間の一般座標のいくつかの例を示しておこう。これらは，一般相対論の描く物理を理解するのに有用なものである。

■ 極空間座標*

ローレンツ的な計量の変数変換の自明な例として，極空間座標 (t, r, θ, ϕ) で表したミンコフスキー計量を示す。

$$ds^2 = -dt^2 + dr^2 + r^2 d\theta^2 + r^2 \sin^2\theta \ d\phi^2$$
$$= -dt^2 + dr^2 + r^2 d\Omega^2 \tag{3.110}$$

■ リンドラー座標*

ミンコフスキー座標 t, x をもつ 2 次元時空で，計量が $ds^2 = -dt^2 + dx^2$ であるとする。この時空では，

$$t = \rho \sinh\tau, \quad x = \rho \cosh\tau \tag{3.111}$$

で定義される，極座標に類似した重要な座標 $\tau \in [-\infty, \infty]$, $\rho \in [0, \infty]$ がある。

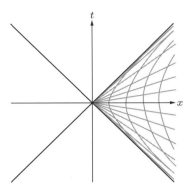

図 3.8　リンドラーくさびにあるリンドラー座標。

これらは，リンドラー (Rindler) 座標と呼ばれる。極座標に似ているが，ミンコフスキー時空の符号をもつ。$\rho = \sqrt{x^2 - t^2}$ は原点からの 4 次元距離として不変量であり，τ 座標一定の線は，ρ 座標一定の線に沿って一定加速度で運動する観測者の瞬間的同時面を示す。ρ 一定の線と，τ 一定の線を図 3.8 に描いた。これらの座標では，計量は

$$ds^2 = d\rho^2 - \rho^2 d\tau^2 \tag{3.112}$$

のようになる[計算せよ]。通常の極座標と違い，これらの座標は，「リンドラーくさび (wedge)」と呼ばれるミンコフスキー空間の一部の領域 ($x > |t|$) のみを覆う。図 3.8 を参照せよ。($\rho = 1$ のような）時間的な線が，τ が無限大になるときにのみ光線 $x = t$ と交差することに注目しよう。このことから，この計量はすべての時空を覆わないことになる。覆う部分は，外向きの光の軌跡 $x = t > 0$ と，内向きの光線 $x = -t > 0$ の二つの直線で囲まれた部分である。この例は，ブラックホールを研究するときにとても有用である。

■ 光的座標*

　ローレンツ空間では，光的座標 (null coordinates) を使うことも時として便利だ。これは光の軌跡を追う座標だ。たとえば，計量が $ds^2 = -dt^2 + dx^2$ である 2 次元ミンコフスキー時空では，光的座標として

$$U = t - x, \quad V = t + x \tag{3.113}$$

を導入することができる。$U = (一定)$ と $V = (一定)$ は，明らかに光的な線であり，光の軌跡を示す。これらを微分し，線素を代入すると，

$$ds^2 = -dU\,dV \tag{3.114}$$

となる。

4 次元では，ミンコフスキー計量は，

$$ds^2 = -dU\,dV + r^2 d\Omega^2 \tag{3.115}$$

と書くことができる。ここで，$r = r(U, V) = (V - U)/2$ である。

リンドラーくさびの部分のみを覆う光的座標は，

$$u = \log U, \quad v = -\log(-V) \tag{3.116}$$

で与えられる。これらの座標では，計量は

$$ds^2 = -e^{v-u} du\,dv \tag{3.117}$$

となり，二つの光線 $t = x$ と $t = -x$ は，$u \to -\infty$ および $v \to \infty$ へ伸びている。図 3.9 を参照せよ。

ミンコフスキー空間でのこれらの異なる座標系の組は，ブラックホールで何が生じているのかを理解するのに役に立つ。時には，これらを混ぜた座標を使うこともある。$v = (t + x)/2$ と r，あるいは $u = (t - x)/2$ と r を用いると，計量は，

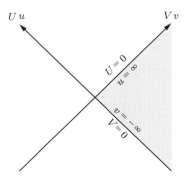

図 3.9 光的座標 U, V は，ミンコフスキー空間全体を覆う。光的座標 u, v は，リンドラーくさびの部分（灰色の部分）のみを覆う。

$$ds^2 = -dv^2 - 2dv\, dr + r^2 d\Omega^2 \tag{3.118}$$

あるいは

$$ds^2 = -du^2 + 2du\, dr + r^2 d\Omega^2 \tag{3.119}$$

となる。これらから類推される座標もまた，ブラックホールの幾何学を理解するときに活躍することになる。

■ 回転座標*

角速度 ω でゆっくりと回転している舞台を考えよう。t を時間，r, ϕ を空間の極座標とする。これらの座標では，計量は

$$ds^2 = -dt^2 + dr^2 + r^2 d\phi^2 \tag{3.120}$$

となる。回転舞台そのものの角度座標を φ とすると，

$$\phi = \varphi - \omega t \tag{3.121}$$

となる。

これより，回転舞台に乗った計量は

$$ds^2 = -(1 - r^2\omega^2)dt^2 + dr^2 + r^2 d\varphi^2 - 2r^2\omega\, d\varphi\, dt \tag{3.122}$$

と表される。非対角項 $-2r^2\omega\, d\varphi\, dt$ は，回転系を特徴付ける。すなわち，この項が，この座標系が慣性系に対して回転していることを示唆している（修正項 $1 - r^2\omega^2$ は，慣性系に対する運動によって引き起こされる相対論的な時間遅延である）。

ここまでで，必要となる数学は出そろった。ようやく物理の話ができる。

II

The Theory

理論

4

基礎方程式

4.1 重力場

重力場は，（マクスウェル場が $A_a(x)$ で表されるのと同様に）四脚場 $e^i{}_a(x)$ で記述される。あるいは，4 次元ローレンツ的な計量

$$g_{ab}(x) = \eta_{ij} e^i{}_a(x) e^j{}_b(x) \tag{4.1}$$

でも同様に表される。時空の形状は，線素

$$ds^2 = g_{ab}(x)\, dx^a\, dx^b \tag{4.2}$$

によって決定される。時空の各点 p での座標を x^a_p とすると，四脚場は局所デカルト座標 $X^i = e^i{}_a(x)(x^a - x^a_p)$ を決定し，この座標は「自由落下する」局所座標系を決定する。この座標系では，物理法則は X^i の 2 次のオーダーまでミンコフスキー空間のものと同じように見える。この座標系が存在することは，アインシュタインが一般相対性理論に到達するまでの道筋に設定したもので，「等価原理 (equivalence principle)」と呼ばれる。

座標系の設定は任意なので，座標に物理的な次元をもたせることにはほとんど意味がない。式 (4.2) から，重力場 $g_{ab}(x)$ が **長さの 2 乗** ($c = 1$ とする) の次元をもつことがわかる。歴史的には，これとは異なる関係式で議論されたこともある。$g_{ab}(x)$ を次元をもたない量にしつつ，座標に次元をもたせるなどだ。このような座標は，$g_{ab}(x)$ がミンコフスキー計量のときには自然に構築できる。しかし，極座標を用いるときなどでわかるように，一般の場合は簡単には対応しない。

等価原理より，時間的な曲線 $\gamma : \tau \mapsto x^a(\tau)$ に沿って動く時計は，時間

$$T = \int_\gamma \sqrt{-g_{ab}\, \dot{x}^a\, \dot{x}^b}\, d\tau \tag{4.3}$$

を計る。曲率よりも小さなスケールの領域では，T は時計の座標系でのローレンツ時間になる[**示せ！**]。これは，小さな単振動する物体（＝「時計」）の周期をカウントすることに相当する。T は曲線に沿った「固有時間 (proper time)」と呼ばれ，「座標時間 (coordinate time)」t と区別される。

　有限な空間的曲線 γ に沿って置かれた棒の長さは，

$$L = \int_{\gamma} \sqrt{g_{ab}\,\dot{x}^a\,\dot{x}^b}\,d\tau \tag{4.4}$$

となる。この量は，曲率よりも小さなスケールでの固体物質（＝「棒」）を構成する原子の数に比例する。L は「固有長さ (proper length)」と呼ばれる。

重要　$g_{ab}(x)$ を通じた棒と時計の関係を初めに要請する必要は**ない**，と説明されることがある。重力場を通じてこれらの物理的実体のダイナミクスが決まるからだ。実際，棒や時計は，重力と相互作用する物理的な器具として ds を測定しているにすぎない。この点は概念的に重要である。時空形状はカント的な先験的要請ではなく，世界を認識するのに必要なものなのだ。**時空形状は重力場の副産物なのである。**

4.2　重力の影響

　次の説明は等価原理からただちに導かれる。質量をもつ粒子（重力のみが作用する）は，測地線に沿って動く。すなわち，その世界線 $x^a(\tau)$ をパラメータとすると（$|\dot{x}|^2 = -1$ と規格化すると），質量をもつ粒子の運動方程式は，測地線方程式

$$\ddot{x}^d + \Gamma^d{}_{ab}\dot{x}^a\dot{x}^b = 0 \tag{4.5}$$

となる（ローレンツ力の式 $\ddot{x}^d - (e/m)F^d{}_a\dot{x}^a = 0$ と比較しよう）。レヴィ・チビタ接続は式 (3.58) で定義されているが，第 3 章まで戻らなくてもいいように，ここにもう一度その式を書いておこう。

$$\Gamma^d{}_{ab} = \frac{1}{2}g^{dc}(\partial_a g_{cb} + \partial_b g_{ca} - \partial_c g_{ab}) \tag{4.6}$$

測地線方程式 (4.5) の第 2 項は,「重力の項」あるいは「運動に対する時空形状の影響」として理解することができる。この二つの概念は同じだ。測地線に沿って運動する粒子は「自由落下する (free fall)」と表現される。この粒子にほかの力が作用するならば,それらを式 (4.5) に加えればよい。たとえば,粒子が電荷を帯びていれば,F_{ab} を電磁場として,

$$\ddot{x}^d + \Gamma^d{}_{ab}\dot{x}^a\dot{x}^b - \frac{e}{m}F^d{}_a\dot{x}^a = 0 \tag{4.7}$$

となる。

　光の軌跡は,単純に,$ds = 0$ より決定される。つまり,光線(高周波極限での電磁波波面の軌跡)は,光的な曲線に沿って動く。その世界線 $x^a(\tau)$ は,

$$\frac{ds}{d\tau} = |\dot{x}| = \sqrt{g_{ab}\dot{x}^a\dot{x}^b} = 0 \tag{4.8}$$

を満たす。ほかの系における重力の影響(粒子の運動に限らず)は,その系の運動方程式で η_{ab} を $g_{ab}(x)$ に置き換え,微分 ∂_a を共変微分 D_a に置き換えることで表せる。たとえば,重力と電磁気の相互作用は,重力の作用を含めたマクスウェル方程式

$$D_a F^{ab} = \partial_a F^{ab} + \Gamma^a{}_{ad}F^{db} + \Gamma^b{}_{ad}F^{ad} = 4\pi J^b \tag{4.9}$$

で記述される。ディラック (Dirac) 場との相互作用は計量で記述することができず,四脚場が必要になる。これが理由で,歴史的にはあとから認識されることになったが,四脚場形式はより基礎的なものであるといえる。重力を含めたディラック方程式は,

$$\gamma^i e^a{}_i \partial_a \psi + \omega^{ij}{}_a \gamma_i \gamma_j \psi = 0 \tag{4.10}$$

となる。ここで,γ_i はディラック行列である。この式は,以下のように短く記述されることもある。

$$\slashed{D}\psi = 0 \tag{4.11}$$

4.3 場の方程式

最終的な場の方程式はアインシュタイン方程式と呼ばれ[†1]，

$$R_{ab} - \frac{1}{2}Rg_{ab} + \lambda g_{ab} = 8\pi G T_{ab} \tag{4.12}$$

である[‡1]（マクスウェル方程式 $\partial_a F^{ab} = 4\pi J^b$ と見比べてみよう）。

多くの本でこの式が「導出」されている。他書では，いくつかの仮定をもとにして，一つの式に到達したことを読み取ってもらえるかもしれない。しかし，この式が単純に「導かれた」のであれば，アインシュタインがこの式にいたるまでに何年も苦労したり，誤った式を載せた論文をいくつも発表することはなかっただろう。

四脚場形式では，アインシュタイン方程式は次式になる。

$$R^i{}_a - \frac{1}{2}Re^i{}_a + \lambda e^i{}_a = 8\pi G T^i{}_a \tag{4.13}$$

この式には，二つの定数が含まれている。ニュートン定数 G と，宇宙定数 λ だ[‡2]。これらの現在値は

$$G \sim 6.67 \times 10^{-8}\,\text{cm}^3/(\text{g s}^2), \quad \lambda \sim 1.11 \times 10^{-56}\,\text{cm}^{-2} \tag{4.14}$$

である。初めの定数は，ニュートンのころから知られているが，現在では物理学の基礎定数の中で測定精度がもっとも悪いものだ。二つ目の定数は，最近 10 年間でようやく測定されるようになった。以前は，ゼロか負であると，多くの（すべてではない）理論研究者によって誤って信じられていたものだ。

[†1] A. Einstein, 'Die Feldgleichungen der Gravitation', Sitzungsberichte der Preussischen Akademie der Wissenschaften zu Berlin: 844-847, 1915（λ のない式）。 A. Einstein, 'Kosmologische Betrachtungen zur allgemeinen Relativitätstheorie', Sitzungsberichte der Preussischen Akademie der Wissenschaften: 142, 1917（λ のある式）。

[‡1] 訳者注：光速 c を 1 とする自然単位系で書かれている。右辺の係数で c を復活させるなら，$8\pi G/c^4$ となる。

[‡2] 訳者注：一般に，宇宙定数 λ は，大文字 Λ で表されることが多い。

　　物理学者，とくに素粒子物理学の分野の専門家の中には，λ の真の値はゼロ
で，測定される値は放射の修正項による量子効果にすぎないと考える人がいる。
しかし，そのように期待する理由はない。この誤った認識のため，多くの人がこ
の定数に混乱し，「ダークエネルギー」などと呼ぶような不可思議な表現を誤っ
て使っている。定数 λ は，現代の基礎物理学におけるほかの 20 もの基礎定数と
同様に，不思議でもなんでもないただの定数である（たとえば，平坦な空間の摂
動論では，量子場の理論的な放射による λ への修正は，小スケール極限で冪乗で
発散するが，これはヒッグスボソンの質量と同じふるまいである）。

4.4　場の方程式の源

　　アインシュタイン方程式の右辺の重力源 T_{ab} は，物質のエネルギー運動量テ
ンソルである。これは，時空におけるエネルギーの密度と運動量の流れを表す
場だ。電磁カレントを重力版に類推したものである。このテンソルの添字が上
付きのとき，時間・時間成分 T^{00} はエネルギー密度を表し，時間・空間成分は
エネルギー流と運動量密度を表す。空間・空間成分は運動量流を表す。この場
の定義について，もう少し詳しく見てみよう。

　　世界線 γ に沿って運動する一つの粒子に対しては，この場は

$$T^{ab}(x) = m \int_\gamma d\tau\, \dot{x}^a \dot{x}^b \delta(x, x(\tau)) \tag{4.15}$$

となる。ここで，$\delta(x, y)$ はディラックのデルタ関数であり，

$$\int d^4x\, f(x)\, \delta(x, y) = f(y) \tag{4.16}$$

として定義される。すなわち，$T_{ab}(x)$ は粒子の世界線に集中していて，$m\dot{x}^a \dot{x}^b = p^a \dot{x}^b$ に比例する。粒子の静止座標系 $\dot{x}^a = (1, 0, 0, 0)$ では，運動量流もエネルギー
流も存在せず，エネルギー運動量テンソルは，粒子位置に集中した $T^{00}(x) \sim m$
の成分だけをもつ。

　　電磁気学でのエネルギー運動量テンソルは

$$T^{ab} = F^{ac}F^b_{\ c} - \frac{1}{4}g^{ab}F^{cd}F_{cd} \tag{4.17}$$

だった。ここで，添字の上げ下げは計量テンソルによることを思い出そう。一般的な T^{ab} の計算方法や，これらの定義の理由については，次の章で説明する。

4.5 真空の方程式

一般相対性理論では，$T_{ab} = 0$ の領域は，物質がないので「真空」と呼ばれる。アインシュタイン方程式は，宇宙定数を無視すると

$$R_{ab} - \frac{1}{2}Rg_{ab} = 0 \tag{4.18}$$

となる。g^{ab} を用いて縮約すると，$R = 0$ を得る。これを式 (4.18) に代入すると

$$R_{ab} = 0 \tag{4.19}$$

を得る。すなわち，物質がなければ，リッチテンソルはゼロとなる。これは時空が平坦であることの十分条件ではない。一般に，時空は物質がなくても歪む。物質は重力場を決めるための十分条件ではない。これは，電荷が電磁場を決めるのに十分ではないのと同じである。リッチテンソルがどこでもゼロとなっている時空は，アインシュタイン空間と呼ばれる。まとめると，

(リーマンテンソル = 0) ↔ 平坦な空間 (リッチテンソル = 0)
↔ 真空の空間

である。

以上の方程式が一般相対性理論を確定させる。これらの式から，重力波・ブラックホール・宇宙膨張・ビッグバン・GPS 技術その他を予言することができる。

Chapter

5

作用

■ アインシュタイン – ヒルベルト作用

　前章のすべての発展方程式は，作用原理から導かれる。アインシュタインが最終的な場の方程式を得て数週間後，あるいは数日後かもしれないが，アインシュタインとこの理論の完成を競争していたダフィット・ヒルベルト (David Hilbert) は，アインシュタイン方程式を導くことができる作用を発見した[‡1]。それはとても簡潔なもので（ここでは λ を含めたもので示すと），

$$S[g] = \frac{1}{16\pi G} \int \sqrt{-g}(R - 2\lambda) \tag{5.1}$$

となる。ここで，$g = \det[g_{ab}]$ である。この作用を変分することによる場の方程式の導出は，多くの本で紹介されているので本書では省く。

　同じ場の方程式を微分形式でも導くことができる。三脚場 e とスピン接続 ω を独立な変数として，作用

$$S[e,\omega] = \int \epsilon_{ijkl} R^{ij} \wedge e^k \wedge e^l \tag{5.2}$$

を考えよう。ここで，R^{ij} は，式 (3.89) で定義された ω を用いた曲率である。ここでは簡単のため，宇宙定数項を落とし，式全体に乗じる定数を省略している。この作用を ω で変分すると，式 (3.87) が得られる。これは，ねじれがゼロとなる条件である（ω を決める方程式は，e で定義されるスピン接続である）。e で変分すると，アインシュタイン方程式が得られる。

[‡1] 訳者注：アインシュタインが演繹的に方程式を導いて一般相対性理論の最終論文を投稿したのは 1915 年 11 月 25 日である（12 月 2 日に出版された）。ヒルベルトは同年 11 月 20 日に論文を投稿したが，その後，12 月の校正時に，変分原理を用いた導出部分を加えた（翌年 3 月に出版された）。

場の方程式を変えずにほかの項を作用に加えることも可能だ。

$$S[e,\omega] = \int \epsilon_{ijkl} R^{ij} \wedge e^k \wedge e^l + \frac{1}{\gamma} R_{ij} \wedge e^i \wedge e^j \qquad (5.3)$$

ここに加えた項は，古典的な理論を変えないが，あとで見るように，ループ量子重力で影響を及ぼす。次元のない結合定数 γ は「バルベロ–イミジ (Barbero-Immirzi) パラメータ」あるいは「イミジ (Immirzi) パラメータ」と呼ばれ，通常（いつもではないが），１のオーダーの量として扱われる。

■ 物質の作用項

　与えられた重力場を運動する粒子の作用はとても簡潔だ。粒子は測地線に沿って動き，測地線は長さの極値をとる。よって，作用は単純に軌跡の 4 次元長さに比例，すなわち，固有時間にも比例する。比例定数は質量に相当し，これは場との結合の大きさを表すことになる。よって，作用は以下の式で表せる。

$$S = m \int ds \qquad (5.4)$$

これを陽に表すと，

$$S[x] = m \int \sqrt{g_{ab}(x(\tau)) \frac{dx^a(\tau)}{d\tau} \frac{dx^b(\tau)}{d\tau}} \, d\tau \qquad (5.5)$$

となる。物理的な軌跡は，作用の**最大値**となる（ミンコフスキー時空の場合から明らかだろう）。慣性系の軌跡は，時空の 2 点間を時計が**最大**の時間として測定する軌跡になる。

　等価原理は，重力と相互作用する系の作用はすべて特殊相対性理論の系の作用から得られることを示唆している。偏微分を共変微分に置き換え，ミンコフスキー計量を重力場 $g_{ab}(x)$ に置き換え，体積要素 d^4X を不変体積要素 $\sqrt{-g}\,d^4x$ に置換するという手法だ。ここで，g は g_{ab} の行列式である。

　量 $\sqrt{-g}\,d^4x$ は，不変体積 (invariant volume) と呼ばれる。これは座標を変えても不変な量だからだ。座標の体積要素 d^4x と計量の行列式は，座標変換のヤコビ行列でそれぞれ逆の冪で効いてくる[示せ！]。

たとえば，電磁場の作用は，次のようになる。

$$S = \frac{1}{4} \int d^4x \sqrt{-g}\, F_{ab} F_{cd} g^{ac} g^{bd} \tag{5.6}$$

ディラック場の作用は

$$S = \frac{1}{4} \int d^4x \sqrt{e}\, \overline{\psi}\, \slashed{D} \psi \tag{5.7}$$

となる。ここで，e は e_a^i の行列式である。

物質の成分であるエネルギー運動量テンソル $T_{ab}(x)$ は，一般に，作用を計量で変分することによって計算される。物質の作用が $S[\varphi, g_{ab}]$ であれば，エネルギー運動量テンソルは

$$T^{ab}(x) = -\frac{2}{\sqrt{-g}} \frac{\delta S}{\delta g_{ab}(x)} \tag{5.8}$$

となる。これが，このテンソルがアインシュタイン方程式の右辺に登場する理由である。

練習問題

この章で出てきた作用から，前章の発展方程式を導出せよ。

Chapter

6

対称性と解釈

　ここまで紹介してきた方程式を自然に適用する前に，ちょっと立ち止まって，解釈について議論しよう。一般相対性理論の方程式の解釈に関しては，すでに何も論争中ではなくなっているが，巧妙で明らかにするには時間がかかるものもある。世界で最高レベルの相対性理論の研究者たち（アインシュタインを含めて）が，たとえば，重力波は物理的実体かそれともゲージの産物かといったことに対して，長い間混乱していたこともある（アインシュタインはこの件に対して 2 度心変わりをした）。ブラックホールの表面は世界の終わりか（アインシュタインは誤った解釈をした），方程式は物質がない場合の解を許容するのか（アインシュタインは許容しないと長い間確信していた）などの問題もあった。そのため，解釈に関しては気を付けなければならない。

6.1　一般共変性と微分同相不変性

■　「座標系の意味」

　アインシュタイン自身が述べたように，難しさは「座標系の意味」にある。相対性理論以前の物理学では，ある点を固定して，そこからの距離を用いて点や事象の座標を設定した。たとえば，相対性理論以前では，物体がデカルト座標系の $X = 3, Y = 0, Z = 0$ の位置にあると言ったときには，その物体が自分の使っている単位を用いて原点から距離 3 の位置にあることを意味していた。相対性理論では，座標はこの意味をもたなくなる。物体が一般座標で $x = 3, y = 0, z = 0$ の位置にあると言ったとしても，その物体が座標系の原点からどれだけの距離にあるのかはわからない。距離は $g_{ab}(x)$ で決まり，座標によって決まるわけではないからだ。どの事象も任意の座標で表現できることから，たとえば，事象

が座標 $x = 3, y = 0, z = 0, t = 5$ で発生した，と言ったとしても，何の情報も
もたらさないのだ。

■ 対称性

数学的な観点からは，座標選択の自由度は，場の方程式の発展が不確定にな
ることを意味する。もし $g_{ab}(x)$ がアインシュタイン方程式の解であれば，式
(3.30) で決まる $\tilde{g}_{ab}(x)$ も解である。改めて書くと，

$$g_{ab}(x) \to \tilde{g}_{cd}(\tilde{x}) = \frac{\partial x^a}{\partial \tilde{x}^c} \frac{\partial x^b}{\partial \tilde{x}^d} g_{ab}(x(\tilde{x})) \tag{6.1}$$

となり，これは任意の可逆な関数 $x^a(\tilde{x})$ に対して成り立つ。これが一般相対性
理論の対称性である。この対称性は，一般共変性 (general covariance) あるい
は微分同相不変性 (diffeomorphism invariance) と呼ばれ，私たちが事象をど
う見るかに依存する（次の数ページで詳しく見ていこう）。

■ ゲージ

もし，座標変換 $x^a \to \tilde{x}^a(x)$ が，ある時刻以前の恒等式だったとすると，ア
インシュタイン方程式は両方の座標で成り立つので，それぞれの座標で表され
た二つの異なる計量（g_{ab} と $\tilde{g}_{ab}$）で見る重力場の時間発展は同じであることが
ただちにわかる。これは，理論が非決定的であることとは異なり，式 (6.1) の対
称性がゲージ不変性として理解されなければならないことを意味している。つ
まり，式 (6.1) で結びつくアインシュタイン方程式の解は，**同じ物理時空を描**
いているのだ。違う計量で表現されていても同じ物理を描いていることの明ら
かな例を，のちほど応用例の中で示す。

まとめると，物理的な時空は，ただ一つの与えられた場 $g_{ab}(x)$ で表現される
のではなく，ゲージ変換 (6.1) で結びつく場の同値類で表現されるといえる。

物質が存在すると，同値関係を定義する変換則には，物質場も含めなければ
ならない。たとえば，もし物質がマクスウェルテンソル F_{ab} で記述されるなら，
それは，アインシュタイン方程式とマクスウェル方程式が結合した場の方程式の
解として，g_{ab} と F_{ab} に対する共通の座標変換のもとで，解の同値類 (g_{ab}, F_{ab})

の発展として記述されることになる。

■ 背景の独立性

微分同相不変性が示しているのは，一般相対性理論において，事象の座標を表すときに固定された背景時空が存在しないという事実だ。

このことは，式 (6.1) に対して以下に示す異なる二つの解釈がされることに由来する。

1. **一般共変性**　写像 $x^a \mapsto \tilde{x}^a(x)$ は，座標変換と解釈される。すなわち，ある点の座標 x^a を新しい座標 $\tilde{x}^a$ へと，ラベルを貼り替えることに相当する。このように解釈されるとき，対称性 (6.1) は一般共変性と呼ばれる。

2. **微分同相不変性**　もう一つの解釈は，写像 $x^a \mapsto \tilde{x}^a(x)$ は，多様体から多様体への写像 M を定義する，というものである。この場合，座標は変更されないが，座標 x^a の点 p は，写像によって座標 $\tilde{x}^a(x)$ の異なる点 $\tilde{p} = M(p)$ へ移される。このように考えると，座標は関係ない。座標に独立な言語として，リーマン計量 g が任意の 2 点間の距離 $d_g(p, q)$ を決めるが，変換された計量 $\tilde{g}$ が決める距離は，

$$d_{\tilde{g}}(p, q) \equiv d_g(M^{-1}(p), M^{-1}(q)) \qquad (6.2)$$

となる。ここで，2 点 p と q の間の距離は，二つの場合で異なる。

$$d_{\tilde{g}}(p, q) \neq d_g(p, q) \qquad (6.3)$$

これにもかかわらず，二つの計量は物理的に区別ができない。これは初見では奇妙に思えるが，座標の取り扱いとして避けられないことだ。

この見かけ上のパズルの答えは重要な点を含んでいる。つまり，物理的な点はそれらの点自身では定義されない，ということだ。これらは運動方程式の解として，場として，粒子の位置として，そして幾何学的形状として**だけ**定義される。

すなわち，位置は時間発展する物理的な場（計量を含む）としてのみ定義される。これは一般相対性理論以外の物理とはまったく異なる。一

般相対性理論以外では，物理的な時空点は，時間発展する場とは独立に（たとえば，距離は座標軸で決まるなど），明白に定義がなされると仮定している。

たとえば，小さな空間で，ほぼ球形だが一点 P で小さな突起（山）があるような形状のものを想像しよう。もう一つ，小さな空間で，ほぼ球形だが一点 Q で小さな突起（山）があるような形状のものを想像しよう。背景の多様体に対する突起の位置は物理的には意味をもたないことから，これらの二つの形状は**同じ物理的構成**だ。物理的に意味をもつのは，時間発展に際しての相対的な位置のみである。図 6.1 を参照してほしい。

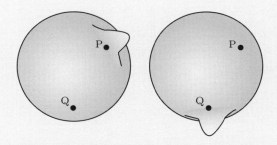

図 6.1 背景に独立であることの簡単な例．異なる位置に突起をもつ二つの計量は物理的に区別できない。一般相対性理論では，位置は幾何学的形状のみによって決まるからだ（もし時間発展する場があれば，その場にも依存する）。そのため，左図の点 P は，右図の点 Q と同一視されなければならない。両者とも突起の位置で定義されるからだ。

6.2　時間とエネルギー

■ 時間についての異なる概念

一般相対性理論は，座標 x^a に依存する場を用いて構成される。「時間」座標 $x^0 = t$ にも依存する。この形式は，たとえばマクスウェル理論のような，一般相対性理論以外の場の理論でも同じであるが，この類似性は誤解を招く。マクスウェル方程式の t 座標は時計によって計測された物理量であるのに対し，アイ

ンシュタイン方程式の t 座標は**時計によって計測された時間を意味しない。**この t 座標は，一般に，物理的なものでも計測可能なものでもない。二つの事象の間を結ぶ曲線 $\gamma : \tau \to \gamma^a(\tau)$ に沿って動く時計によって計測される時間は，以前にも出てきたが，固有時間

$$T = \int_\gamma \sqrt{-g_{ab}\frac{d\gamma^a}{d\tau}\frac{d\gamma^b}{d\tau}}\, d\tau \tag{6.4}$$

である。固有時間は時空の二つの事象を結ぶ γ に依存するので，時空の事象に対して一つに定まる時間座標を設定する方法は，一般には存在しない。

　一般相対性理論では，ほかの物理学とは異なる方法で時間発展を取り扱うことになる。**時間によって**発展する物理量を取り扱っているように見えるが，異なる解釈がなされなければならない。独立な「時間」変数によって物理量が発展するのではなく，**物理量はたがいに相対的に発展する**のだ。物理量は数多く存在するが，その中には，時計によって計測される固有時間も含まれる。

> **例**　あなたは同じ時計を二つもっているとしよう。一つは手から離さず，もう一つは上に放り上げる。放り上げられた時計は重力によって落下し，あなたはそれをふたたび捕まえる（図 6.2）。二つの時計は異なる軌跡をたどったので，異なる固

図 6.2　二つの時計のうち，どちらが本当の時間を示すのだろうか？　どちらの時計が長い時間を示すだろうか？

有時間を示すことになる。手から離さなかった時計の計測時間を T_1 として，重力による運動を行った時計の計測時間を T_2 とする。ここで問題だ。理論では，T_1 が実時刻 T_2 の関数として表されるのだろうか？ それとも，T_2 が実時刻 T_1 の関数として示されるのだろうか？ この問いかけには意味がない。「実時刻」は存在しないからだ。理論は二つの時刻の間の相対関係しか示さない。

練習問題

のちほど，この例に出てきた T_1 と T_2 の差を厳密に計算するが，以下の問題に解答するには上記の情報で十分のはずだ。T_1 と T_2 のどちらが大きな値になるだろうか？

注意！：特殊相対性理論と一般相対性理論では逆の結論になる！

ヒント：どちらの時計が測地線にいるだろうか？

■ 重力場のエネルギー

理論の時間座標変換に対する不変性から，エネルギーが保存量であることが導かれる。一般相対性理論は，どの時間座標 t への変換に対しても明らかに不変である。しかし，座標変換に対する不変性によって，この変換は局所ゲージ対称性をもつ。局所ゲージ対称性の生成子はいつもゼロとなる。このことから，一般相対性理論では，全エネルギーはいつもゼロであると定義される。

初めて聞くと驚くだろうが，この結論は理論の完全な正準解析からも導かれる（本書では省く）。一般共変理論におけるハミルトニアン密度は，すべての解でつねにゼロとなる。

同じ結論をほかの方法で見てみよう。アインシュタイン方程式の時間・時間成分の計算を，$g_{00} = 1, g_{0i} = 0$ のゲージで行ってみよう。方程式の左辺が時間に関する 2 階微分をもたないことはすぐにわかる[示せ！]。そのため，これは発展方程式ではなく，場の値とその 1 階微分で構成された，初期条件に関する拘束条件の式だ（マクスウェル方程式の最初の式と対応している）。しかし，アインシュタイン方程式の右辺は物質のエネルギー密度である。左辺は計量とその 1 階微分の関数で，（このゲージでの）重力場のエネルギー密度を示し，物質のエネルギーとつねに同じ大きさで符号が逆になる。すなわち，**全エネルギー密度はどの点でもゼロとなる。**

　同じ結論を，さらにほかの方法で見てみよう。物質のエネルギー運動量テンソル T_{ab} は，物質の作用を g_{ab} で変分することで得られた。**全**エネルギー運動量は，全作用を g_{ab} で変分して得られることに相当するが，これは運動方程式であるから，明らかにゼロである。

　特定の条件下では，エネルギーを特別に定義することも可能である。たとえば，十分に平坦な空間で囲まれている孤立系については，その平坦な空間における時間変換を時間変換の生成子として考えることによって，**全**エネルギーを定義することができる。

　同様に，弱い重力波は，ミンコフスキー空間を移動していく摂動と見ることができ，重力波のエネルギーを定義することができる。しかし，エネルギーに対するこれらの概念や類似の概念は，特定の状況でのみ意味をもつ。一般に，重力場に対しては，エネルギーの概念は意味のあるものにはならない。

　このことは，この理論が背景に独立であることの根本的な結果の一つである。一般相対性理論では，場や粒子によって記述される物理的な事象は，たがいによってのみ位置付けされるのだ。

　背景に対する独立性が導くさまざまな結論については，本書の後半でこの理論を具体的に使うにつれて，しだいに明らかになっていく。さて，ようやく応用に踏み出すときがきた。

Ⅲ

Applications
応用

Chapter

7

Newtonian Limit

ニュートン力学の極限

7.1 計量のニュートン的極限

　静的な物理的状況を考えよう。ニュートン物理学で考える場合でもニュートンポテンシャルは弱いとする。この領域が一般相対性理論でどのように表されるのかを見てみよう。すべてのものが静的ならば，計量は時間に独立である（ような座標系を見つけることができる）。マクスウェル理論の場合では，静的な場であれば，マクスウェルポテンシャルが $A_a(\vec{x}) = (\Phi(\vec{x}), 0, 0, 0)$ となるように，時間成分だけもつように（ゲージを選んで）書くことができる。このことから類推されるように，いま考えている極限では，ミンコフスキー計量からの違いは，$g_{ab}(x)$ の時間・時間成分だけとなりそうだ。この示唆から，場は

$$g_{ab}(\vec{x}) = \begin{pmatrix} -(1 + 2\phi(\vec{x})) & 0 & 0 & 0 \\ 0 & 1 & 0 & 0 \\ 0 & 0 & 1 & 0 \\ 0 & 0 & 0 & 1 \end{pmatrix} \tag{7.1}$$

となる（係数が 2 となる理由はすぐに明らかになる）。すでに述べたように，重力場を式 (3.17) の形で陽に書くことが慣例になっている。式 (7.1) をその形に書くと，

$$ds^2 = -(1 + 2\phi(\vec{x}))dt^2 + dx^2 + dy^2 + dz^2 \tag{7.2}$$

という短い形になる。この計量で表される時空を一つの粒子がどう動いていくのかを見よう。粒子は初めこの座標系で静止していたとする。粒子が静止していた位置を原点とすれば，世界線は $x^a(\tau) = (\tau, 0, 0, 0)$ となり，これより $\dot{x}^a = (1, 0, 0, 0)$ となる。したがって，測地線方程式は，

$$\ddot{x}^a + \Gamma^a{}_{00} = 0 \tag{7.3}$$

という簡単な形になる。この方程式の添字を空間的なものに限定して，空間成分を考えよう。計量は時間座標によらないので，レヴィ・チビタ接続は

$$\Gamma^a{}_{00} = \frac{1}{2} g^{ab}(-\partial_b g_{00}) = -\eta^{ab}(\partial_b \phi) \tag{7.4}$$

という簡単な形になる。ここで，最後の等号では，逆計量をミンコフスキー計量で置き換えた。弱い場の極限では，ミンコフスキーの1次のオーダーまでを考えるからだ。これより，

$$\ddot{\vec{x}} = -\vec{\nabla}\phi \tag{7.5}$$

となる。この式は，ニュートンポテンシャル $\phi(\vec{x})$ 中での粒子の運動を与える式にほかならない！ 計量 (7.2) 中での粒子の運動は，ニュートンポテンシャル $\phi(\vec{x})$ の中での粒子の運動と同じだ，とただちに結論付けられる。

7.2 ニュートンの力

次に，アインシュタイン方程式に式 (7.2) を適用するときの条件について考えよう。ρ を質量密度として，静的なエネルギー運動量テンソルが $T_{00} = \rho$ の成分だけをもつと仮定し，式 (7.2) をアインシュタイン方程式に代入する。少しの計算の結果，弱い場 ϕ の1次のオーダー，すなわち，$1/c$ が初めて登場するオーダーで，宇宙定数（もともと小さい）を無視すると，

$$\Delta\phi = 4\pi G\rho \tag{7.6}$$

が得られる。ここで，$\Delta = \partial^2/\partial x^2 + \partial^2/\partial y^2 + \partial^2/\partial z^2$ はラプラス (Laplace) 演算子である。この式は，ニュートンポテンシャルが満たす式そのものだ！ 質量 M が原点に集中しているとすると，ポテンシャルは $\phi = -GM/r$ となる[これが式 (7.6) を満たすことを示せ]。これより，二つの質量間にはたらく力 (1.6) が得られる。このように，一般相対性理論は万有引力の式を完全に再現する。つまり，弱い静的な場の極限ではニュートン重力を再現する。

質量 M の周辺では，ニュートンポテンシャルは，r を質量からの距離として，

$\phi = -GM/r$ となる。これより，質量 M のまわりの時空形状は，計量

$$ds^2 = -\left(1 - \frac{2GM}{c^2 r}\right) c^2 dt^2 + dx^2 + dy^2 + dz^2 \tag{7.7}$$

で近似される。ここでは，$c \neq 1$ とする表現を用いた（次元解析をすれば，c の入り方は復元できる）。地球の表面では，$M = M_\oplus$ と $r = r_\oplus$ として，

$$\frac{2GM_\oplus}{c^2 r_\oplus} = \frac{2 \times 6.67 \times 10^{-8}\,\mathrm{cm^3/g\,s^2} \times 5.972 \times 10^{24}\,\mathrm{kg}}{(3 \times 10^8\,\mathrm{m/s})^2 \times 6,371\,\mathrm{km}} \sim 1.3 \times 10^{-9} \tag{7.8}$$

である。そのため，私たちの周囲でのミンコフスキー計量からのズレは，10億分の1のオーダーだ。本節の式が示すように，これでも物体が落下するには十分なのだ。このように，わずかに変化した計量での測地線が，落下する物体の運動を表すのである。

7.3 一般相対論的時間の遅れ

上記では，一般相対性理論の一つの極限として，よく知られた物理法則を導いた。ここからは，この理論が予言するまったく新しい結果を紹介しよう。

地球の表面では，重力ポテンシャルは，$\phi = gh$ となる。ここで，g は重力加速度で $g \sim 9.8\,\mathrm{m/s^2}$ であり，h は鉛直方向の高さだ。これより，計量は近似的に

$$ds^2 = -(1 + 2gh)dt^2 + dx^2 + dy^2 + dz^2 \tag{7.9}$$

となる。二つの同じ時計を用意しよう。一つは地表に設置し，もう一つは座標時間 t の間，高度 h に置く。そして地表に戻し，二つの時計を比較しよう。図7.1を参照せよ。時間 t の間，地表の時計で測定された固有時間 T_{down} は t である。なぜなら，$h = 0$ では計量はミンコフスキー的だからだ。しかし，高いところにある時計は違う。固有時間は，

$$T_{\mathrm{up}} = \int_0^t \sqrt{(1 + 2gh)dt^2} \sim (1 + gh)t > T_{\mathrm{down}} \tag{7.10}$$

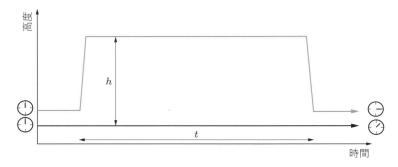

図7.1　時間は高度があるほど速く進む。二つの同じ時計のうち，一つを高さ
　　　　を変えて設置する。元の高さに戻すと，低い位置に置いたほうが，
　　　　時間の進みが遅くなっている。

になる。これは一つの劇的な結果だ。高所にある時計は速く進むのだ。この時
間差を，$c = 1$ とせずに次元解析で c を復活させて書くと，

$$\frac{\Delta T}{T} = \frac{T_{\text{up}} - T_{\text{down}}}{T_{\text{down}}} = \frac{gh}{c^2} \tag{7.11}$$

となる。$h = 1\,\text{m}$ では，

$$\frac{\Delta T}{T} = \frac{9.8\,\text{m/s}^2 \times 1\,\text{m}}{(3 \times 10^8\,\text{m/s})^2} \sim 10^{-16} \tag{7.12}$$

となる。これより，時計を 1 メートル高いところに 100 日間（$\sim 10^7$ s）設置す
ると，低い時計のほうは ~ 1 ns 遅くなることがわかる。

　現代の時計の精度は，もっともよいもので誤差 10^{-16} 以下であり，この効果
は実験室で検証可能だ。そして実際に確かめられている[‡1]。あなたの足元より
頭のほうが，時間が速く進んでいるのだ。

　重力は時空形状の変化で理解できるというアインシュタインの直観は，物理
的な予言にただちに結びつき，そして今日では実験室で確認されている。重力

[‡1] 訳者注：東京大学・理化学研究所の香取秀俊氏のグループが開発している光格子時計は，誤
差 10^{-18} 以下の精度をもち，地表のポテンシャル差による時計の進み方の差を検証している
(M. Takamoto *et al.*, 'Test of general relativity by a pair of transportable optical lattice
clocks', Nature Photonics 14 411-415, 2020).

ポテンシャルの低いところに置かれた時計はゆっくりと進むのだ。

■ 時間の遅れの効果としてのニュートン重力

7.1 節と 7.3 節の結果についてしばらく考えると，もっと劇的で現実的な結果が導かれる。重力に従う質量は時空の測地線に沿って進むが，その時空の g_{00} 成分には，ミンコフスキー空間からの違いが局所的に生じている。つまり，時間の進む速さが，（その他の場所で測られる速さとは）局所的に異なるということだ。すなわち，一般相対性理論では，物体の近くでは時間の進み方がゆっくりに「なるために」，物体は質量に向かって落下するといえる。

■ 重力効果のサイズ*

ミンコフスキー計量に対する修正は 10^{-9} のオーダー（式 (7.8)）であるのに，時計への影響はなぜ 10^{-16} のオーダー（式 (7.12)）なのだろうか？　その理由は，座標系の選び方の自由度による。ミンコフスキー計量に対する修正 $\phi(\vec{x})$ が空間的に一定のとき，座標系の変更は自明で，物理的な影響はない。効果を引き起こすのは $\phi(\vec{x})$ の勾配なのだ。この値に高さの差 h が乗じられるので，小さな値になるのだ。

> **練習問題　時計を鉛直に投げ上げる**
>
> 図 6.2 を考えよう。時計を鉛直上向きに初速度 v_0 で投げ上げ，その時計が刻む時刻を，あなたの手に残った時計の読みと比べる。時計の動きを初等的なニュートン力学を用いて計算し，二つの時計の示す時刻の違いを，(i) 特殊相対性理論の範囲で，(ii) 一般相対性理論の範囲で計算せよ。これらはなぜ逆向きの符号になるのだろうか？　また，どちらが正しいだろうか？

> **練習問題　GPS**
>
> 全地球測位システム（GPS, Global Positioning System）は，地球を周回する人工衛星に精密な時計を積んでいることで機能する。この章で学んだように，一般相対性理論による時間の進み方の遅れによって，人工衛星の時計は地表のものよりも速く進む。しかし，軌道上にある時計は地球に対して運動していて，ローレンツ的な時間の遅れによって，地表のものよりも遅く進む。これらはたがいに逆の効果をもつとともに，異なる高度依存性をもつ。よって，両者がたがいに相殺してゼロになる高度があるはずだ。その高さを求めよ。

解　地球の中心から距離 r にある人工衛星は，重力による加速度 $a = GM/r^2$ をもつ。人工衛星が円軌道で運動していると仮定すると，この加速度は，遠心力による加速度 $a = v^2/r$ とつり合っている。これより $GM/r^2 = v^2/r$ であり，距離 r での速度の 2 乗は $v^2 = GM/r$ となる。特殊相対性理論による時間の遅れは式 (1.4) で与えられ，その大きさは

$$\frac{\Delta T_{\mathrm{SR}}}{T} = 1 - \gamma = 1 - \sqrt{1 - \frac{v^2}{c^2}} \sim \frac{1}{2}\frac{v^2}{c^2} = \frac{1}{2}\frac{GM}{rc^2} \tag{7.13}$$

となる。人工衛星の軌道は，ニュートンポテンシャルが gh とみなせる近似の範囲外なので，一般相対性理論による時間の遅れは式 (7.10) ではない。ニュートンポテンシャルは $\phi = GM/r$ で与えられると考えよう。式 (7.10) は次のようになる。

$$T_{\mathrm{up}} = \int_0^t \sqrt{(1 + 2\phi)dt^2} \sim (1 + \phi)t = \left(1 - \frac{GM}{r}\right)t$$
$$> T_{\mathrm{down}} = \left(1 - \frac{GM}{R}\right)t \tag{7.14}$$

ここで，R は低いほうの時計の高度，すなわち，地球の半径である。これより，

$$\frac{\Delta T_{\mathrm{GR}}}{T} = \frac{T_{\mathrm{up}} - T_{\mathrm{down}}}{T_{\mathrm{down}}} = \frac{GM}{rc^2} - \frac{GM}{Rc^2} \tag{7.15}$$

となり，両者が等しくなる高さは，

$$-\frac{1}{2}\frac{GM}{rc^2} = \frac{GM}{rc^2} - \frac{GM}{Rc^2} \tag{7.16}$$

として，

$$r = \frac{3}{2}R \tag{7.17}$$

と求められる。地球半径は $\sim 6000\,\mathrm{km}$ であるから，時間の遅れがキャンセルする高度は，$h = r - R \sim 3000\,\mathrm{km}$ となる。これより低い軌道では，軌道速度が大きいため特殊相対性理論の効果が大きく，ポテンシャルの差が小さくなるために一般相対性理論の効果は小さい。そのため，地表に比べて時計はゆっくりと進む。逆に，高度がこれより大きな軌道では，その時計は速く進む。

練習問題　一般相対性理論を考慮しない GPS

　アメリカの GPS では，人工衛星の軌道半径は $R \sim 20000\,\mathrm{km}$ である。もし，このシステムが一般相対性理論が発見される前につくられて，一般相対性理論による

効果が無視されていたとしたら，地表で 3 km の累積誤差を出してしまうまでにどれだけの時間を要するか。

解 GPS 信号は光速で進むので，長さ $\ell = 3$ km を進む時間は，$\Delta T = \ell/c \sim 10^{-5}$ s である。相対論的修正の大きさは，

$$\frac{\Delta T}{T} = \frac{GM}{R_\oplus c^2} - \frac{GM}{Rc^2} \sim 10^{-9} \tag{7.18}$$

となる。ここで，$T = \Delta T/10^{-9} \sim 10^4$ s とすると，3 時間よりも短い値が得られる。一般相対性理論の理解は，GPS のようなナビゲーションシステムの構築において，主要なものになっている。

練習問題 地球中心の時計

地球の中心に時計が設置された。1 年後，この時計は地球表面にある時計が示すものと比べて，どれだけの時間遅くなっているか計算せよ。

Chapter

8

Gravitational Waves
重力波

　前章では，一般相対性理論のニュートン極限について学んだ。この極限は，マクスウェル方程式のクーロン解と対応していた。ここでは，重力波について学ぼう。重力波はマクスウェル方程式の電磁波の解と対応している。

　アインシュタインは，重力波が実在するかという点について悩んだ。電磁気学からの類推から，彼は，初めは重力波は実在すると考えた。のちに考えを改め，重力波は存在しないと確信した（その理由は後述する）。そして，もう一度考えを改め，やはり重力波は実在すると考えるようになった。科学者たちも同様に，さらに数十年にわたって悩んだ。この議論に決着がついたのは 1960 年代で，フェリクス・ピラーニ (Felix Pirani) とヘルマン・ボンディ (Hermann Bondi) による研究に負うところが多い[†1]。1970 年代になると，重力波が現実に存在することの間接的な証拠が，いつでも観測できるようになった[‡1]。重力波が直接検出できるようになるまでには，その後さらに 30 年以上を要した。

　重力波の直接検出は 2015 年についになされ[†2]，1 世紀以上の苦労が結実した成果として，2017 年にノーベル賞が授与された。

■ 電磁波[*]
　重力波のよいモデルとなる電磁波の理論を短くまとめておこう。電磁場はポテンシャル A_a によって表され，場の方程式は，電荷のない場合，

[†1] H. Bondi, F. A. E. Pirani, I. Robinson, 'Gravitational waves in General Relativity III: Exact plane waves', Proc. Roy. Soc. A., 251, 519-533, 1959.

[‡1] 訳者注： 1974 年に電波望遠鏡で発見された連星中性子星を指す。発見したハルス (Hulse) とテイラー (Taylor) は， 1993 年にノーベル物理学賞を受賞した。

[†2] B. P. Abbott et al. (LIGO Scientific Collaboration and Virgo Collaboration), 'Observation of gravitational waves from a binary black hole merger', Phys. Rev. Lett. 116, 061102, 2016.

$$\partial_a F^{ab} = 0 \tag{8.1}$$

となる。ここで，$F_{ab} = \partial_a A_b - \partial_b A_a$ である。この定義式を代入して表すと，

$$\partial^a \partial_a A_b - \partial_b \partial_a A^a = 0 \tag{8.2}$$

となる。理論のゲージ不変性を用いると，この式は簡単に表現できる。場 A_a と，次式で表される場 $\tilde{A}_a$ は，ゲージとして同値関係にある。

$$\tilde{A}_a = A_a + \partial_a \lambda \tag{8.3}$$

λ を適切に選ぶことによって，$\partial_a A^a = 0$ となるゲージを選ぶことができ，このとき，場の方程式は

$$\partial^a \partial_a A_b = 0 \tag{8.4}$$

となる。この式は，$A_b = (A_0, \vec{A})$ の各成分に対して波の式になっている。$A_0 = 0$ となるゲージを $\mathrm{div}\vec{A} = 0$ となるゲージ条件とともにとることができるため，ゲージ不変性については，まだ完全に活用し尽くしてはいないといえる。以上より，関連する方程式は，

$$\partial^a \partial_a \vec{A} = 0, \quad \mathrm{div}\ \vec{A} = 0 \tag{8.5}$$

となる。初めの式は平面波の線形結合として解くことができ，実部は

$$\vec{A}(\vec{x}, t) = \vec{\epsilon} e^{i(\vec{k} \cdot \vec{x} - \omega t)} \tag{8.6}$$

となる。ここで，$\vec{\epsilon}$ は定偏光ベクトルであり，$\omega^2 = |k|^2$ である。式 (8.5) の二つ目の式から

$$\vec{\epsilon} \cdot \vec{k} = 0 \tag{8.7}$$

が得られ，これは，波の偏光方向が進行方向と直交した面にあることを示している。たとえば，波が z 方向に進むのならば，波は二つの成分

$$\vec{A}(\vec{x}, t) = (\epsilon_x, \epsilon_y, 0) \sin(k(z - t)) \tag{8.8}$$

をもつことになる。この波は，進行方向の軸に沿って角度 π 回転させると，回転前と同じ波になる。これにより，波はスピン 1 の性質をもつ，といわれる。

この電磁波のモデルを用いて，重力波を考えてみよう。

■ 線形重力波

アインシュタイン方程式から，小さな振幅の平面波の存在が予言される。平坦な時空をゆらす小さなさざ波である。計量がほぼ平坦であると仮定しよう。すなわち，計量は，η_{ab} をミンコフスキー計量として

$$g_{ab}(x) = \eta_{ab} + h_{ab}(x) \tag{8.9}$$

と書けて，行列要素 h_{ab} は 1 より小さな値とする。ここより先，h_{ab} の 2 次およびそれ以上の項を無視しよう。

式 (6.1) のゲージ変換では，λ を小さい値として，$\tilde{x}^a(x) = x^a + \lambda^a(x)$ であれば，式 (8.9) の形が保たれる。λ の 1 次のオーダーでは，このゲージ変換によって，計量は

$$\tilde{h}_{ab} = h_{ab} + \partial_a \lambda_b + \partial_b \lambda_a \tag{8.10}$$

と変換される（式 (8.3) と比較せよ）。このゲージ変換を用いると，h_{ab} が次の三つのゲージ条件を満たすことは簡単に示すことができる。

$$\partial^a h_{ab} = 0, \quad \eta^{ab} h_{ab} = 0, \quad h_{0a} = 0 \tag{8.11}$$

式 (8.9) を真空のアインシュタイン方程式に代入し，h_{ab} の 2 次の項をすべて無視すると，線形の 2 階偏微分方程式を得る。h が線形の範囲で，

$$\Gamma^a{}_{bc} = \frac{1}{2} \eta^{ad} (\partial_b h_{dc} + \partial_c h_{db} - \partial_d h_{bc}) \tag{8.12}$$

となるので，リーマンテンソルは，

$$R^a{}_{bec} = \partial_e \Gamma^a{}_{bc} - (e \leftrightarrow c)$$
$$= \frac{1}{2} \eta^{ad} (\partial_e \partial_b h_{dc} + \partial_e \partial_c h_{db} - \partial_e \partial_d h_{bc}) - (e \leftrightarrow c) \tag{8.13}$$

となり[2]，宇宙定数がないときの真空の方程式 $R_{ab} = 0$ は，

$$R^a{}_{bac} = \frac{1}{2} (\partial^d \partial_b h_{dc} - \partial^d \partial_d h_{bc} - \eta^{da} \partial_c \partial_b h_{da} + \partial_c \partial^d h_{bd}) \tag{8.14}$$

となる。ゲージ条件を用いると，波の方程式は

---

[2] 訳者注：式中の $(e \leftrightarrow c)$ は，直前の項の添字 e と c を入れ替えた項を示す。

$$\partial^d \partial_d h_{ab} = 0 \tag{8.15}$$

となる。これは平面波の線形結合として解くことができ，解は

$$h_{ab}(\vec{x}, t) = \epsilon_{ab}\, e^{i(\vec{k} \cdot \vec{x} - \omega t)} \tag{8.16}$$

となる。ここで，電磁波のときと同様に $\omega^2 = |k|^2$ であり，ϵ_{ab} は対称で，空間成分だけが存在し，トレースはゼロになり $(\eta^{ab}\epsilon_{ab} = 0)$，横波 $(k^a \epsilon_{ab} = 0)$ である。たとえば，重力波の進行方向を z 方向とすると，重力波の成分は

$$h_{ab}(\vec{x}, t) = \begin{pmatrix} 0 & 0 & 0 & 0 \\ 0 & \epsilon_+ & \epsilon_\times & 0 \\ 0 & \epsilon_\times & -\epsilon_+ & 0 \\ 0 & 0 & 0 & 0 \end{pmatrix} \sin(k(z - t)) \tag{8.17}$$

となる。したがって，二つの偏光の線素は，

$$\begin{aligned} ds^2 = -dt^2 &+ (1 + \epsilon_+ \sin(k(z - t)))\, dx^2 \\ &+ (1 - \epsilon_+ \sin(k(z - t)))\, dy^2 + dz^2 \end{aligned} \tag{8.18}$$

および

$$ds^2 = -dt^2 + dx^2 + dy^2 + dz^2 + 2\epsilon_\times \sin(k(z - t))dx\, dy \tag{8.19}$$

として書かれる。これらは，二つの平面重力波である。少し考えると，2 番目のものは 1 番目のものを z 軸を中心に 45 度回転させたものとわかる。それぞれは $\pi/2$ 回転させると元のものに一致する。このことから，重力波はスピン 2 の性質をもつといえる。

式 (8.8) はマクスウェル方程式の厳密解であったのに対し，重力波のほうは，アインシュタイン方程式の近似解でしかない。これは，式 (8.18) と式 (8.19) は，（無次元の）振幅 $\epsilon_\times$ と ϵ_+ が小さいときに限って実際の重力波を表しているということを意味する。振幅が大きければ，非線形効果が無視できなくなる。

8.1 物質への影響

平面電磁波が電荷を通り抜けると，電場の振動によって電荷は上下に振動す

る。重力波が質量のあるところを通り抜けるとどうなるだろうか？　計算して
みよう。驚く準備を忘れずに。

　原点に静止している質量をもつ粒子があるとしよう。つまり，世界線は
$\dot{x}^a = (1, 0, 0, 0)$ となっている。この粒子の測地線方程式は

$$\ddot{x}^a + \Gamma^a{}_{00} = 0 \tag{8.20}$$

となる。重力波に対しては，h の成分のうちすべての h_{0a} はゼロなので，ただ
ちに $\Gamma^a{}_{00}$ もゼロであることがわかる。そのため，$\ddot{x}^a = 0$ となり，粒子は動か
ない！　これは初見では驚き，かつ混乱する結果だ。質量を動かさないとすれ
ば，重力波とは何なのだろうか？

　長い間，重力波に対して皆が悩んでいたのも無理はない！

■ 問いの答え

　この問いの答えは，一般相対性理論では座標は意味をもたないことを思い出
すことでわかる。座標が変化しないことは，何かを意味しているわけではない。
どんな移動物体でも，その物体そのものを用いて座標系を定義さえすれば，物
体の座標が変化しないように記述することができる。

　何が生じているのかを理解するために，質量をもつ**二つの**粒子を考えよう。一
つの質量が原点 $(x = y = z = 0)$ にあり，もう一つの質量の座標は $y = z = 0$
および $x = L \neq 0$ にあるとしよう。座標上ではどちらの質量も動かないが，両
者の間の距離は，

$$D = \int_0^L \sqrt{g_{xx}} dx = \sqrt{1 + \epsilon_+ \sin(k(z - t))} L \sim L + \frac{L}{2} \epsilon_+ \sin(\omega t) \tag{8.21}$$

という式で与えられるので，変化する。物理的で幾何学的な二つの粒子の距離
は，時間とともに振動するのだ！

　たとえば，棒があり，その棒の近くで自由に動ける二つの質量があるとしよ
う。その棒は（近似的に）剛体で，（潮汐力的な）重力による応力ではほとんど
変形しないとしよう。二つの端の間の距離は同じに保たれるとする。しかし，
二つの質量は重力によって移動する。そのため，粒子は棒に対して運動する。

　二つの質量が動かないとき，その棒は引き伸ばされたり縮められたりするの

だろうか？　あるいは，棒は動かず二つの質量が動くのだろうか？

　この問いかけは意味がない！

　一般相対性理論では，何かほかのものを目印にしないかぎり，「動く」という概念がないのだ！　図 8.1 にある二つの図は，棒と二つの質量が「たがいに動いている」という物理現象を描くための二つの方法である。違いはただ，それらの運動が，この本のページを背景にして動いているかどうかということだけだ。一般の物理現象では，この本のページに対応するような背景は存在していない。

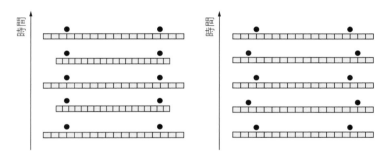

図 8.1　1 本の棒の近くにある二つの質量に対する重力波の影響。左：二つの質量は動かず，二者の距離を測る棒が振動する。右：棒はその形状を保ち，二つの質量の位置が振動する。これらの 2 図は，棒に対する二つの質量の運動という**同じ**物理現象を表現したものだ。図を注意深く眺めてほしい。正しく理解できているならば，背景への独立性を明快に理解できるはずだ。

■ 現代の重力波アンテナの原理

　同じことだが，一つ目の質量から二つ目の質量へ光のパルスを送ったとしよう。質量のところには鏡があって，パルスは戻ってくるとしよう。パルスが往復する時間（光のパルスが出発してから戻ってくるまでの，一つ目の質量における固有時間）を計測する。光線に対する方程式 $ds = 0$ より，私たちが使っている座標では，光速は

$$\frac{dx}{dt} = 1 - \frac{1}{2}\epsilon_+ \sin(k(z - t)) \tag{8.22}$$

に従って時間変化する。そのため，往復時間が振動することを見ることになる。このことは，座標系の選び方に依存しない。すぐあとで，これが重力波を測定する方法であることがわかる。

■ 円状に配置した質量に対する波の作用

最後に，式 (8.18) では，g_{xx} の変化と g_{yy} の変化が（符号が違うことから）逆位相であることに気づくだろう。これは，x 方向が縮むときには y 方向は伸びている（その逆もある）ことを意味している。図 8.2 に見られるように，粒子を x-y 面に円周状に配置すると，その円は，z 方向からくる重力波が粒子を通過するときに（剛体である机に対して）動くことになる。円は楕円になって，波の進行方向に直交する面上で振動する。波の影響を表す式 (8.19) は，45 度回転させると，式 (8.18) と同じになる[示せ！]。

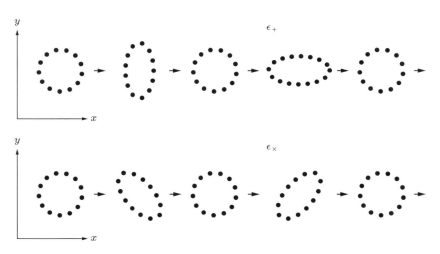

図 8.2　紙面に対して垂直に進んでいく重力波によって，円状に配置した粒子が運動する様子。上図は + 偏極，下図は × 偏極を示す。両者はたがいに 45 度回転したものである。

8.2　発生と検出

▨ 電磁的双極子*

　電磁波を発生させるためには，電荷分布を時間的に変化させる必要があった
ことを思い出そう。電荷分布が局所的に $\rho(x,t)$ で与えられていると，それを多
重極展開で表すことができる。もっとも低次の項は，全電荷量と双極子である。
全電荷量は

$$q(t) = \int \rho(x,t)\,d^3x \tag{8.23}$$

であり，双極子 (dipole) は

$$d^i(t) = \int \rho(x,t)x^i\,d^3x \tag{8.24}$$

となる。$q(t)$ の時間変化は球対称の波を発生させるが，電荷保存則は $q(t)$ の変
化を禁止する。そのため，球対称の電磁波は存在せず，もっとも低次の電磁波
は双極子のモードである。もっとも低次の電磁波は，双極子 $d^i(t)$ の時間変化
によって発生する。振動する双極子は，たとえば，アンテナを上下運動する電
荷によって生成される。

▨ 重力的四重極子

　重力波は，質量エネルギー分布の時間変化によって発生する。エネルギー
$\rho(x,t)$ の分布は，多重極展開で表すことができる。もっとも低次の項は，全質
量と双極子だ。エネルギー保存則は，全エネルギーが時間変化するのを禁止す
る。しかも，運動量保存則は双極子の時間変化を禁止する。双極子の時間微分
は全運動量になるからだ。そのために，重力波は，その次のオーダーにあたる四
重極子 (quadrupole) から発生することになる。四重極子は

$$q^{ij}(t) = \int \rho(x,t)x^i x^j\,d^3x \tag{8.25}$$

である。振動する四重極子は，たとえば，二つの質量が振動するばねで結ばれ
ていたり，二つの質量がたがいのまわりを運動していることで生成される。放

出された波は四重極構造をもっていて，図 8.2 に示したように，波が質量に影響を与える様子に，その構造が表れている．図に示したように運動している質量の組では，双極子は一定であるということに注目してほしい．

　アインシュタインは，自身の方程式を線形化したものから，時間変化する四重極子を波源として，距離 r のところでミンコフスキー計量の摂動量 h_{ij} がどうふるまうかを記述する，電磁気学のものと似た公式を導出した．この式は，アインシュタインによる四重極公式と呼ばれ，

$$h_{ij}(r,t) = \frac{2G}{rc^4}\ddot{I}_{ij}\left(t - \frac{r}{c}\right) \tag{8.26}$$

で与えられる．ここでは，物理的な次元を表す定数を復活させて表記した．二つのドットは 2 階の時間微分を表す．また，$I_{ij} = q_{ij} - (1/3)\delta_{ij}\delta_{lm}q^{lm}$ である．この式の導出は本書では示さない．時間変化するエネルギー分布から放出されるエネルギーは，重力的光度 (gravitational luminosity) ともいわれるが，その大きさは，四重極公式から，

$$P = \frac{G}{5c^5}\langle \dddot{I}_{ij}\dddot{I}^{ij} \rangle \tag{8.27}$$

となる．$\langle\ \rangle$ の括弧は時間平均を表す．

　係数 $G/(5c^5)$ はとても小さい．これが，観測可能な重力波を発生させるために極端に相対論的な系が必要とされる理由である．

　これまでに直接検出されている重力波は，すべてブラックホールや中性子星が合体する最後の瞬間に発生したものである．

■ ブラックホール合体

たがいを周回する二つの天体は，四重極子の変化を生み出し，重力波を発生させる。もし，二つの天体の質量がとても大きく，近接して速く運動するならば，発生する重力波は観測できるほどの大きさになる。重力波放出によってエネルギーが失われることにより，二つの天体はエネルギーを失って，たがいにより近くなる。2 天体の軌道はらせん形状になり，たがいに相手に向かって落下する。

このプロセスの最後は壊滅的だ。エネルギーが減少し，ケプラー (Kepler) 軌道の半径が縮小し，周回の周波数と速度は増加する。その結果，放出される重力波は増加する。2 天体が衝突すると，最後の猛烈な爆発が起こる。

このプロセスで放出される波形には特徴がある。波は周波数と強度をしだいに増加させ，「チャープ（さえずり，chirp）」と呼ばれる様子になる。周波数と振幅を合体直前に急速に増加させていくのだ。

■ 検出

現代の重力波検出器は，中心点とそこから 90 度の角度で伸びる二つの腕の端にある二つの質量との距離を比較する。質量は吊り下げられていて，水平面上を自由に動く。波が垂直方向から通過すると，図 8.2 に示したたがいに垂直な四つの質量のように，二つの腕の長さは逆向きに振動する。

測定を困難にしているのは，波が地球を通過するときの振幅の小ささである。振幅は $h \sim 10^{-21}$ 程度しかないため，10^{21} 分の 1 の長さの変化を測定する必要がある。これを可能にするのが干渉計である。中心点と質量を結ぶ二つの腕を往復した，二つのレーザービームの位相を比較するのだ。重力波が通過すると，干渉計の二つの軸の長さは逆位相で変化する。干渉計は，重力波の周波数で振動する相対位相の差を検知する。LIGO 検出器 (Laser Interferometer Gravitational-Wave Observatory) は，このような干渉計 2 台で（同時検出によってノイズによる誤検出を避けるよう）構成されている。

2015 年 9 月 14 日，2 台の LIGO 検出器は，0.2 秒間続く信号を検出した。二つのブラックホールが合体した現象が重力波源で，太陽質量の 30 倍と 35 倍

のブラックホールが合体し，太陽質量の 62 倍の一つのブラックホールになったものだった[このとき，**失われた質量はどこへ行ったのだろうか？**]。軌道周波数の 2 倍が観測された信号の周波数になるが[**なぜ 2 倍か？**]，これは，0.2 秒間で 35 Hz から 250Hz へ上昇するものだった。二つのブラックホールは，たがいに ~ 350 km 離れて，光速の 30–60% で周回運動していた。

　この合体は，10 億年前に発生し（宇宙時間である。宇宙時間の定義は第 9 章を見よ），重力波はその間を伝播してきたものだった。合体時の最後の数ミリ秒間に放出された重力波のエネルギーは，観測できる宇宙にあるすべての星から単位時間あたりに放出される光のエネルギーの合計より，50 倍大きなものだった。

練習問題

　ここで与えた数値から，二つのブラックホールの四重極子の大きさのオーダーと，（周波数から）その 2 階微分を評価せよ。また，式 (8.26) を用い，地球に到達した重力波の振幅を計算せよ。得られた値を，図 8.3 に示す LIGO によって測定されたデータと比較せよ。数値は合うだろうか？

練習問題

　重力波として放射された莫大なエネルギー源はどこにあったのか？

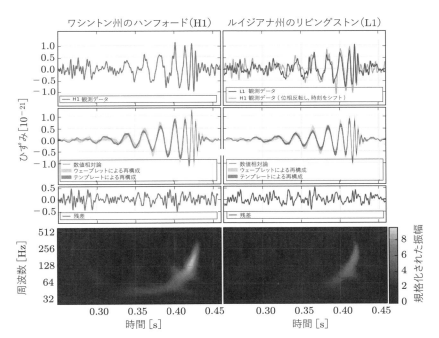

図 8.3 二つの LIGO 検出器によって初めて測定された重力波の信号。図は検出された波形（「ひずみ (strain)」は，h_{ij} に関連する成分である），数値計算によって得られた期待される波形，周波数変化とその強さの変化を表現したものを示す。特徴ある「チャープ」信号を見つけよう。[B. P. Abbott et al. (LIGO Scientific Collaboration and Virgo Collaboration), Phys. Rev. Lett., 116, 061102, 2016; CC BY 3.0]

Chapter

9

Cosmology
宇宙論

　現代の宇宙論は，宇宙の巨大構造の歴史を研究する分野である。成功し，ブームを起こしている分野でもある。最近の数十年の研究により，観測されている宇宙について，およそ130億年過去にさかのぼり，多くの自由度をもつ時間発展を，確実に再構築できるようになった。

　この分野は，アルベルト・アインシュタインが1917年に注目すべき論文を発表したことから始まった。単著で，現代宇宙論をスタートさせた論文だ[†1]。この論文はすばらしい。仰天するほどの直観とアイデアと，そして明白な誤りを含んでいる，驚くべき内容である。

■ 仰天するほどの直観とアイデア

　第1のアイデアは，宇宙の大規模構造の研究だ。宇宙の構造が重力によってほとんど支配されているという彼の直観は正しかった。

　第2のアイデアは，宇宙は**均一**に分布している物質を考えることでよく近似できるだろうということだ。宇宙の物質分布は明らかに均一では**ない**（星があり，何もない星間空間があり，銀河があり，何もない銀河間空間があり，銀河団があり，その間に何もない空間がある）。アインシュタインが論文を執筆した当時，大きなスケールでの均一性については何も証拠がなかった。しかし，彼の直観は正しかったことが判明する。大きなスケールでは宇宙は均一で，一様な時空モデルが，宇宙の進化を満足に近似できる第1近似となっている。

　アインシュタインの第3の偉大なアイデアは，空間の形状が歪んでいることから，宇宙全体は有限体積で境界がないと考えたことだ。実際，リーマン幾何学には，有限体積で境界がない空間が存在する。2次元でのわかりやすい例と

---

†1　A. Einstein, 'Kosmologische Betrachtungen zur allgemeinen Relativitätstheorie', Sitzungsberichte der Preuβischen Akademie der Wissenschaften, 142, 1917.

しては球面がある。3次元での似た形状には3次元球面がある。詳細は，3.2節で紹介したとおりだ。

これらの概念をもとにして，アインシュタインは，空間の一様な形状にスケール（球面の半径である $a(t)$）を導入し，それを時間発展する量として取り扱うことを考えついた。$a(t)$ は，一般相対性理論の方程式を使って発展する。これは，宇宙におけるもっとも大きな自由度をもつ量のダイナミクスである。

これらすべてのアイデアは，きわめて先見性があったことが判明した。しかし，この論文にはそれ以上のことも書かれていた。

■ 明白な誤り

論文には，現実とは一致しない二つの誤りがある。

一般相対性理論の式を一様宇宙モデルに適用するとすぐにわかることだが，宇宙定数がゼロの場合には，宇宙は定常な状態にはとどまれない。収縮か膨張のどちらかになる。その理由は簡単だ。投げ上げられた石が空中でとどまれないのと同じ理由である。石は落下するか，（初速度が大きければ）上昇を続けるかのどちらかである。

1917年，宇宙膨張はまだ観測されておらず，考えられてもいなかった。アインシュタインの理論は宇宙膨張を予言した。アインシュタインはそこで考えを止めて，10年後に確認されることになる「宇宙は大スケールでは静的ではない」との壮大な予言を論文にすべきだった。

しかし，彼は一つ目の誤りを犯す。彼は自分の理論を信じず，偉大で正しい予言を発表する機会を失ったのだ。あとになって，これが人生の最大の誤りだったと後悔したと伝えられている。

自分の理論を信じない代わりに，アインシュタインは理論を修正することを試みた。ここで二つ目の信じ難い誤りを犯す。彼は理論を微調整し，自分が（誤って）想定していた定常宇宙が実現できるように修正した。方程式 (4.12) に宇宙項 $+\lambda g_{ab}$ を加えたのだ。もし物質の密度と λ がうまく調整されていれば，方程式は定常宇宙解をもつ，というのが理論的根拠だ。

実際，宇宙項は斥力のはたらきをして，ニュートンの万有引力とバランスをとることができる（詳しくは10.5節で説明する）。しかし，問題がある。アイ

ンシュタインは，この平衡状態が不安定だということを見落とした。宇宙はこの解では記述されない。ゆらぎや非一様性があれば，それらはこの解を壊してしまうからだ。

　不安定性の理由は明白なので，アインシュタインがこのことを見落としたとは驚きだ。ニュートンの力は二つの質量が近づくほど大きくなり，宇宙項による斥力は二つの質量が離れるほど大きくなる。平衡点ではバランスをとれるが，ちょっと近づければ合体方向へ向かい，ちょっと遠ざければたがいに離れていく。すなわち，不安定平衡点なのだ。宇宙定数があってもなくても，一般相対性理論は宇宙が膨張か収縮することを予言する。アインシュタインはこれに気づかなかった。いったいどうして偉大なアインシュタインがこの明白な不安定性を見落としたのだろうか？　でも，それが現実だ。おそらく，恋に落ちていたか，動転していたかのどちらかだろう。

■ そして，より壮大な洞察

　宇宙項はアインシュタインが好んだような静的宇宙を実現しなかった。にもかかわらず，これは天才のもう一つの一撃だったことが判明する。この項は正しかったのだ！　宇宙項はゼロでないという事実は，半世紀以上経って，観測されている！

　現在の私たちは宇宙的な力の存在を知っているが，アインシュタインはその存在を正しく思いついたことになる。しかし，それは誤った理由からだった。彼は宇宙項が静的な宇宙を実現すると考えたが，そうはならなかった。そのため，宇宙が大きなスケールでは静的になり得ないという，彼の理論が導くもっとも壮大な予言を逃した。しかし，結果的には，方程式に正しい修正案を残したことになる。

　彼に敬意を。

■ ルメートル

　一般相対性理論の描く宇宙像を初めて完全に理解し，銀河（当時は「星雲」と呼ばれた）の赤方偏移に関する天文観測のデータから宇宙膨張の証拠を垣間見たのは，ジョルジュ・ルメートル（Georges Lemaitre）である。

今日では，宇宙膨張の証拠は揺るぎないものになっている。

一般相対性理論の方程式は，観測されている膨張率から宇宙年齢を算出し，宇宙のはじまりの小さくて密な状態から現在にいたるまでの進化を導き出す。宇宙の始まりを，ルメートルは「原始原子 (primordial atom)」と呼んだ。今日，私たちはそれを「ビッグバン (Big Bang)」と呼んでいる。

ルメートルは，原始原子の物理学には量子効果が含まれていなければならないとも見抜いていた。現在では，ビッグバンのときに何が生じていたのかを知るためには量子重力の完成が必要となることが共通認識となっている。このことについては，最後の章で取り扱う。ここでは，宇宙の大スケールの幾何学をどう記述するか，そして，それがどんな方程式で決まるのかを説明しよう。

9.1　宇宙の大規模幾何学

3.2 節では，大きさ a の 3 次元球面の計量 (3.50) を導いた。a が時刻 t に依存し，（固有）時間座標 t を導入するならば，ローレンツ的な 4 次元計量

$$ds^2 = -dt^2 + a^2(t)\left(\frac{dr^2}{1 - r^2} + r^2 d\Omega^2\right) \tag{9.1}$$

が得られる。これが，アインシュタインが 1917 年に論文で議論した計量だ。この計量は，「スケールファクター」と呼ばれるたった一つの関数 $a(t)$ で決まる形になっている。この時空は一様で等方的な 3 次元空間を表していて，その半径は時間 t で変化する。この座標で定常状態にある質量にとって，時間 t は固有時間に等しい。そのため，この座標で静止している（「共動している (co-moving)」と表される）複数の時計は，同じ時間を刻み，共通の固有時間を測ることになる。これを「宇宙時間 (cosmological time)」と呼ぶ。もし時空から一様性の仮定を外すならば，このような共通時間を定義できる可能性はなくなる。すべての銀河はこの座標系で定常だ（もちろん，これは近似的な話である。アンドロメダ銀河と天の川銀河はもうすぐ衝突するのだから[‡1]）。宇宙膨張の間に変化し

[‡1]　訳者注：アンドロメダ銀河が天の川銀河に接近していることから，40 億年後にはこれらは衝突し，70 億年後には一つの大きな銀河となると考えられている。

ていくのは，銀河間の距離である。その距離は計量の変化で与えられる。

より一般には，一様な 3 次元空間で時間依存性をもつ計量

$$ds^2 = -dt^2 + a^2(t) \left(\frac{dr^2}{1 - kr^2} + r^2 d\Omega^2 \right) \tag{9.2}$$

を考えることができる。ここで，$k = 0, \pm 1$ である。

宇宙の実際のサイズは不明だ。私たちの観測できている部分以上に大きいという証拠はある。現代の宇宙論によれば，宇宙は平坦な 3 次元形状をもつ 3 次元球面で十分よく近似できるとされ，$k = 0$ であるとしている。これは，空間が（時空ではなく空間が）平坦ということを意味する。

■ ハッブル－ルメートルの法則

$k = 0$ を仮定すると，二つの銀河間の距離は，座標距離を Δr として，

$$D = a(t)\Delta r \tag{9.3}$$

となる。宇宙が膨張していれば，距離 D にある二つの銀河の相対速度は

$$V = \frac{dD}{dt} = \dot{a}(t)\Delta r = \frac{\dot{a}(t)}{a(t)}D \tag{9.4}$$

である。これより，任意の二つの銀河間の速度と距離の比 V/D は，それらの距離によらない値になり，その比例定数は

$$H = \frac{\dot{a}}{a} \tag{9.5}$$

となる。これを，天文学者エドウィン・ハッブル (Edwin Hubble) にちなんで，ハッブル定数と呼ぶ。私たちが観測する銀河の相対速度はスペクトル線のドップラー偏移から求められるので，この値は直接測定される。一方，距離はいくつかの間接的な方法を組み合わせて測定される（これらは，観測的天文学の著しい成功を表している）。現在報告されているハッブル定数は，

$$H \sim 72 \ (\mathrm{km/s})/\mathrm{Mpc} \tag{9.6}$$

である。単位は，キロメートル毎秒毎メガパーセクという，天文学者が好む奇妙なものだ（1 パーセク (pc) は $\sim 3.1 \times 10^{18}$ cm，あるいは ~ 3.3 光年である。

これは，地球の公転によって生じる星の視差が1秒角になることを使った，距離の単位である）。この値が現在の宇宙の膨張速度を表す。関係式

$$V = HD \tag{9.7}$$

は，ハッブル–ルメートル (Hubble-Lemaitre) の法則と呼ばれる[‡2]。この「法則」のポイントは，H の値が観測している銀河の距離とは無関係であることだ。

■ フリードマン方程式

物質が密度 $\rho(t)$ で均一に分布していて，共動座標で止まっていると仮定しよう。計量 (9.2) をアインシュタイン方程式に代入すると，$a(t)$ について，次の微分方程式を得る。

$$\frac{\dot{a}^2}{a^2} + \frac{k}{a^2} - \frac{\lambda}{3} = \frac{8\pi G}{3}\rho \tag{9.8}$$

この方程式は，アレクサンドル・フリードマン (Alexander Friedmann) によって導出され，フリードマン (Friedmann) 方程式と呼ばれている[†2]。この式は，大スケールでの宇宙形状の時間発展を支配するものだ。

■ エネルギー密度

フリードマン方程式を解くためには，エネルギー密度 ρ がスケールファクターによって（すなわち，宇宙膨張によって）どう変化するかを知らなければならない。これは，T_{ab} にある圧力の項とアインシュタイン方程式のほかの成分から決まるが，次のように直接議論することもできる。

粘着性のない物質の場合は，座標体積 $V \sim a^3$ 中にある全エネルギー ρV は，V が変化しても一定である。そのため，ρ_m を時間によらない定数として，$\rho = \rho_m/a^3$ となる。

電磁輻射に対しては付加的な効果がある。時空の膨張は電磁波を引き伸ばす。

[‡2] 訳者注：原著はハッブルの法則と呼んでいるが，国際天文学連合 (IAU) は，2018年にハッブル–ルメートルの法則と呼ぶことを決議したので，訳ではルメートルの名前も付けている。

[†2] A. Friedmann, 'Über die Krümmung des Raumes', Zeitschrift für Physik 10, 377-386, 1922. English translation in: A. Friedmann, 'On the curvature of space', General Relativity and Gravitation 31, 1991-2000, 1999.

どのように電磁エネルギーが変化していくのかを簡単に見るためには，座標一定の体積中にある光子の数が，宇宙膨張で体積が増加したとしても一定であることを考えるとよい。それぞれの光子はエネルギー $E = h\nu$ をもち，振動数 ν は宇宙膨張によって $1/a$ で変化していく。そのため，輻射に対しては，付加的な $1/a$ で効く効果がある。すなわち，ρ_g を時間によらない定数として，$\rho = \rho_g/a^4$ となる。物質と輻射の両者を含めると，フリードマン方程式は

$$\frac{\dot{a}^2}{a^2} + \frac{k}{a^2} - \frac{\lambda}{3} = \frac{8\pi G}{3}\left(\frac{\rho_m}{a^3} + \frac{\rho_g}{a^4}\right) \tag{9.9}$$

となる。

この式の時間微分をとると，

$$\ddot{a} = -\frac{4\pi G}{3}\left(\frac{2\rho_g}{a^3} + \frac{\rho_m}{a^2}\right) + \frac{\lambda}{3}a \tag{9.10}$$

となる。右辺の第1項の符号は負だ。この項は宇宙膨張を減速させる。第2項は正だ。この項は宇宙を加速膨張させる。a が十分に小さいかぎり，第1項が支配的で，宇宙は重力に引っ張られた減速膨張をする。a が十分に大きければ，第2項が勝って宇宙は加速膨張をする。

■ 宇宙の年齢

宇宙観測のデータは，宇宙の歴史の大部分では，a は十分に小さくて宇宙は減速膨張していたことを示唆している。このことは，今日よりも過去のほうが膨張率が小さかったことを示唆していて，宇宙年齢は $H^{-1} = a/\dot{a}$ よりも長くはなかったということを示している。H の値を年で示すと，

$$T_H < \frac{1}{H} \sim 140\ \text{億年} \tag{9.11}$$

となる。

フリードマン方程式のスケールファクターの冪の違いから，宇宙膨張は，初期には輻射で支配され，その後物質に支配され，最終的には宇宙定数で支配されることになる。私たちの宇宙は，現在物質優勢の膨張時期にあるが，宇宙定

数の影響はすでに検出可能であり，実際に検出されている[‡3]。

■ 平坦性

観測データは，k の項（の絶対値）が小さいことを示唆している。これは，宇宙が，私たちが直接観測している部分よりもずっと大きいことを示している。$k = 0$ であり空間が平坦であるとは，必ずしもいえない。この項の現在の小ささから宇宙が平坦であると結論してしまうと，私たちの日常のスケールから地球の曲率がわからないからといって地球が平らであると結論するのと，同じ間違いを犯すことになる。

9.2 基本的な宇宙モデル

■ 物質優勢，輻射優勢の宇宙膨張

宇宙項と輻射の項と k の項が小さな状況を考えるならば，唯一関係するのは物質の項である。フリードマン方程式は

$$\frac{\dot{a}^2}{a^2} = \frac{8\pi G}{3}\frac{\rho_{m0}}{a^3} \tag{9.12}$$

のように書くことができ，この式の解は

$$a(t) = a_0\, t^{\frac{2}{3}} \tag{9.13}$$

となる。

これは，減速膨張を表す。空間座標を張り直すことによって，定数 a_0 は任意に選べる。現在の物理的な距離を与える共動座標を用いると便利である。そこで，$a(現在) = 1$ としよう。

練習問題

輻射優勢の宇宙について，$a(t) = a_0\, t^{1/2}$ であることを示せ。

[‡3] 訳者注：宇宙の加速膨張の原因については，ダークエネルギーの存在や，宇宙の非一様性の影響，あるいは重力理論の修正により自然に出てくる効果など諸説あるが，本書は，宇宙定数の影響が現れたとして説明する立場をとっている。4.3 節を参照してほしい。

■ ド・ジッター宇宙

上記の設定とは異なり，宇宙項以外の項をすべて無視したとすると，方程式は

$$\dot{a} = \sqrt{\frac{\lambda}{3}}\, a \tag{9.14}$$

となり，これは簡単に解けて，

$$a(t) = a_0 e^{\sqrt{\frac{\lambda}{3}}\, t} \tag{9.15}$$

が得られる。この宇宙論的な解は，ヴィレム・ド・ジッター (Willem de Sitter) によって発見されたので，ド・ジッター時空と呼ばれる[†3]。ド・ジッター時空の線素は，共動座標系を用いると

$$ds^2 = -dt^2 + e^{2\sqrt{\frac{\lambda}{3}}\, t}(dr^2 + r^2 d\Omega^2) \tag{9.16}$$

である。光線のふるまいは $ds = 0$ で与えられるので，この座標系での光速は，

$$\frac{dr}{dt} = e^{-\sqrt{\frac{\lambda}{3}}\, t} \tag{9.17}$$

となる。原点から時刻 t に放出された光線は，時刻 $+\infty$ に半径

$$r = \int_t^\infty e^{-\sqrt{\frac{\lambda}{3}}\, t} dt = \sqrt{\frac{3}{\lambda}}\, e^{-\sqrt{\frac{\lambda}{3}}\, t} \tag{9.18}$$

に到達するが，これは有限値である。そのため，私たちが「ハロー」と信号を送ったとしても，決して届くことのない銀河が存在することがわかる。さらに悪いことに，この半径は時間とともに減少する。時間が経過すると，私たちは自分たちの銀河系内にだんだんと閉じ込められていく。

　今日では，このモデルが遠い未来の私たちの宇宙の形状を示している可能性がある。しかし，確実なことはまだわかっていない。私たちは過去数十年間，宇宙の未来について何度も意見を変更してきたので，現在最終的な答えをもって

[†3] W. de Sitter, 'On the relativity of inertia: Remarks concerning Einstein's latest hypothesis', Proc. Kon. Ned. Acad. Wet., 19, 1217-1225, 1917.

いるという確信はどこにもない。

■ 宇宙史

　観測データは，ある程度の信頼性をもって，現在の宇宙では輻射優勢の時期はすでに終わり，物質優勢の時期に入り，そして，これからはド・ジッター期に向かっていることを示している。これらの時期に入る前に宇宙がどのようになっていたかは，より一層わかっていない。

　図 9.1 は，宇宙論的な時間軸で，これまでにわかっていることをまとめたものだ。

　誰もが確信しているわけではないが，宇宙の非常に初期のころにもまたド・ジッター的な膨張をしていたということを示す，いくつかの間接的な証拠がある。この時期は「インフレーション (inflation)」と呼ばれ，「インフラトン (inflaton)」と呼ばれる非常に仮説的なスカラー場（あるいは，そのような場の組み合わせ）が，ごく短時間の間に高い位置エネルギーにとどまって，一時的に宇宙項のようにふるまったために，引き起こされたとされる。

　ルメートルが疑ったように，さらに早い時期では量子効果が支配的になるため，古典的な一般相対性理論は適用できなくなる。この量子時期に何が起こったのかについては，二つの主要な説がある。一つは宇宙が量子的に本当に誕生したとするもの，もう一つは，以前の収縮時期からの量子的なバウンスだ。本書の最終章では，両方のアイデアについて簡単に触れる。

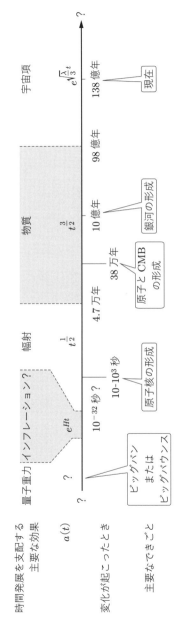

図 9.1 宇宙論的な時間軸でこれまでにわかっていること。

10

The Field of a Mass
質量の場

10.1 シュヴァルツシルト計量

計量 (7.7) は，アインシュタイン方程式の一つの近似解だった。方程式の複雑さから，アインシュタインは厳密解が求められるとは期待していなかった。そのため，一般相対性理論の論文を出版してから数週間後，若いドイツ陸軍の将校から方程式（$\lambda = 0$ の式）の厳密解が手紙で送られてきたとき，彼はとても驚いた。カール・シュヴァルツシルト (Karl Schwarzschild) が発見した厳密解は，

$$ds^2 = -\left(1 - \frac{2GM}{c^2 r}\right) c^2 dt^2 + \frac{1}{1 - 2GM/(c^2 r)} dr^2 + r^2 d\theta^2 + r^2 \sin^2\theta d\phi^2 \tag{10.1}$$

である。この計量は，長い直接計算によって，アインシュタイン方程式で $\lambda = 0$ としたときの厳密な解になっていることを確認できる[示せ！]。

この計量は，静的で，球対称で，大きな質量をもつ重力源がつくる場を記述するのに，（第 7 章で学んだ）ニュートン近似よりも適している。この式から導かれたいくつかの相対論的効果により，20 世紀初頭に一般相対性理論の正しさを初めて検証することができた[1]。さらに，この式は，ブラックホールについての理解を開く扉にもなった。ブラックホールについては，次の章で説明する。

半径 1 の球面の計量を $d\Omega^2 \equiv d\theta^2 + \sin^2\theta\, d\phi^2$ と表して，$G = c = 1$ の単位系を用いると，シュヴァルツシルト計量は，

$$ds^2 = -\left(1 - \frac{2M}{r}\right) dt^2 + \frac{1}{1 - 2M/r} dr^2 + r^2 d\Omega^2 \tag{10.2}$$

[1] 訳者注： 10.3 節で説明される．太陽による光の曲がりの観測のこと。

となる。この計量の物理的・幾何学的な内容を吟味しよう。この計量とミンコ
フスキー計量 (3.110) の違いは二つある。

■ 質量が時間の進み方を遅らせる

　まず，計量の g_{00} 成分は，質量が置かれている原点に近づくほど大きな修正
を受ける。これについては，すでに説明したように，時計の進み方が質量に近
づくほど遅くなるという効果をもたらす。つまり，質量はその周辺の時間の進
み方を遅くする。驚くべきことに，この時計の遅れには，（曲がった時空を測地
線で動く）質量をもう一つの質量に向かって落ち込ませる効果がある。

■ 質量は空間を動径方向に引き伸ばす

　二つ目の違いは，計量の g_{rr} 成分に起因する。これは空間成分であり，空間
の幾何学が変更されることを意味している。詳しく見てみよう。g_{rr} は動径方
向の線の長さを決める。$g_{rr} = 1/(1 - 2M/r) \sim 1 + 2M/r > 1$ より，動径方
向の線の長さは，中心に近づくほどユークリッド空間に比べて長くなる。

　結果として，空間はどのような形状になるだろうか？　簡単な 2 次元モデル
から，この結果の形状についてよい直観が得られる。図 10.1 に示したように，

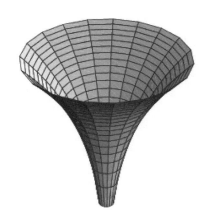

図 10.1　じょうご。2 次元の平坦な空間と比べると，中心に向かうにつれ
　　　　　て，動径方向の距離はますます拡大されている。

じょうごのような 2 次元形状を考えよう。少し考えると，じょうごの内部形状と平面の内部形状の違いは，動径方向の距離が中心に向かうにつれて平坦から長くなっていることだとわかる。平面上に同心円を描いたとき，半径 r_1 の円と半径 r_2 の円の間の距離は $r_2 - r_1$ だが，じょうご形状だと，二つの円の間の距離はこの値よりも大きくなる。

質量の周囲の空間形状は，じょうごの 3 次元的な類推になる。動径座標 r と $r + dr$ にある球面は，それぞれ表面積が $4\pi r^2$ と $4\pi(r + dr)^2$ になるが，その間の距離は dr ではなく，

$$ds = \sqrt{\frac{1}{1 - 2GM/r}}\, dr > dr \tag{10.3}$$

になる。これより，半径 r_1 の球面と半径 r_2 の球面との距離は，

$$D = \int_{r_1}^{r_2} \sqrt{\frac{1}{1 - 2GM/r}}\, dr > r_2 - r_1 \tag{10.4}$$

となり，3 次元ユークリッド空間に置かれた同心球間の距離よりも大きくなる。質量のまわりの空間は，3 次元じょうごのようだ。

10.2 ケプラー問題

重力の相対論的効果を学ぶために，質量 M（$m \ll M$）がつくる重力場の中での，質量 m の粒子の運動を考えよう。

粒子はその質量によらずに測地線に沿って動くため，この運動の様子は m の値によらない。そこで，簡単のため，$m = 1$ としよう。

議論を始めるにあたって，同じ問題をまずはニュートン物理学で考えてみる。そこで得られたテクニックを，相対論的な場合に応用する。

■ ニュートン重力におけるケプラー問題[*]

ニュートンポテンシャルは球対称なので，角運動量は一定になる。そのため，粒子の運動は，その半径と速度を定義した平面上に限られる。一般性を失うこ

となく，極座標を用いて，この平面を $\theta = \pi/2$ とすることができる。角運動量の値は，

$$L = rv_{接線方向} = r^2\dot{\phi} \tag{10.5}$$

で与えられる（$m = 1$ としていることを思い出してほしい）。全エネルギーも一定であり，

$$E = \frac{1}{2}v^2 - \frac{GM}{r} \tag{10.6}$$

で与えられる。$v^2 = \dot{r}^2 + (r\dot{\phi})^2$ と，角運動量保存則を用いると，全エネルギーは次のように書ける。

$$E = \frac{1}{2}\dot{r}^2 + \frac{L^2}{2r^2} - \frac{GM}{r} \tag{10.7}$$

これは，動径方向の運動が，実効ポテンシャル

$$V = \frac{L^2}{2r^2} - \frac{GM}{r} \tag{10.8}$$

で与えられる，r 方向の 1 次元問題となっていることを示している。このポテンシャルの第 2 項は，重力を決める。第 1 項は（角運動量に依存する）実効ポテンシャルで，中心力を決める。V が最小値（$(dV/dr)|_{r=r_*} = 0$）をもつのは，

$$r_* = \frac{L^2}{GM} \tag{10.9}$$

のところである。この半径では，軌道半径が一定に保たれる粒子の運動が存在する。この運動は円軌道である。時間による角度の変化は，式 (10.5) を積分することによって直接求められ，

$$\phi(t) = \frac{L}{r_*^2}t = \frac{G^2M^2}{L^3}t \tag{10.10}$$

となる。これより，角速度は

$$\omega_\phi = \frac{G^2M^2}{L^3} \tag{10.11}$$

となる。太陽系の惑星軌道は円ではないが，円に近いため，円軌道からの摂動として調べることができる。半径はもはや一定ではないが，r_* に近い値にとどまる。ポテンシャルを最小値付近で展開し，その2乗の項までを見ることで運動を近似しよう。r_* 付近では，$V(r) = V_{\min} + (1/2)\omega^2 (r - r_*)^2$ となる。ここで，

$$\omega^2 = \left.\frac{d^2 V}{dr^2}\right|_{r=r_*} = \frac{G^4 M^4}{L^6} \tag{10.12}$$

である。半径の動きは調和振動のようになり，その角速度は

$$\omega_r = \frac{G^2 M^2}{L^3} \tag{10.13}$$

となる。これは，式 (10.11) のものと同じ値である。

$$\omega_r = \omega_\phi \tag{10.14}$$

これより，粒子が軌道を1周する間に，半径の大きさもちょうど1周期で変化する。結果として，軌道は閉じ，軌道の近点は同じ角度座標のまま不変となる。これらの閉じた軌道は，当然ケプラー楕円である。

同じ問題を一般相対性理論で考えよう。

■ アインシュタイン重力におけるケプラー問題

球対称質量がつくる重力場における物体の運動を調べるには，シュヴァルツシルト計量の測地線方程式を積分すればよい。しかし，ニュートン力学の場合と同様に，運動の積分を用いる方法のほうが簡単だ。パラメータを用いた形で，軌跡を $x^a(\tau) = (t(\tau), r(\tau), \theta(\tau), \phi(\tau))$ などと与えることで，粒子の運動を表そう。4元速度は $\dot{x}^a = (\dot{t}, \dot{r}, \dot{\theta}, \dot{\phi})$ となる。シュヴァルツシルト計量で，質量をもつ粒子の運動を表す作用は，式 (5.4) で与えられる。軌跡に沿った固有時間を用いると，

$$S = \int ds = \int \sqrt{g_{ab} \dot{x}^a \dot{x}^b}\, d\tau \tag{10.15}$$

$$= \int \sqrt{ - \left(1 - \frac{2GM}{c^2 r} \right) c^2 \dot{t}^2 + \frac{1}{1 - 2GM/(c^2 r)} \dot{r}^2 + r^2 \dot{\theta}^2 + r^2 \sin^2 \theta \dot{\phi}^2 } \, d\tau$$

$$(10.16)$$

となる。ここでは，それぞれの項の大きさを比較するため，G と c をそのまま残して書いている。ニュートン力学の場合のように，物理は球対称であるから，一般性を失うことなく，運動は平面上 $\theta = \pi/2$ に限られると仮定できる。これより，

$$S = \int \sqrt{ - \left(1 - \frac{2GM}{c^2 r} \right) c^2 \dot{t}^2 + \frac{1}{1 - 2GM/(c^2 r)} \dot{r}^2 + r^2 \sin^2 \theta \dot{\phi}^2 } \, d\tau$$

$$\equiv \int \mathcal{L} \, d\tau \tag{10.17}$$

となる。$\mathcal{L}$ はラグランジアンである。作用は ϕ によらないので，角運動量は一定であり，

$$L = - \frac{\partial \mathcal{L}}{\partial \dot{\phi}} = \frac{r^2 \dot{\phi}}{\mathcal{L}} \tag{10.18}$$

となる。同様に，ラグランジアンは t によらないので，保存量

$$E = \frac{\partial \mathcal{L}}{\partial \dot{t}} = \frac{1 - 2GM/(rc^2)}{\mathcal{L}} c^2 \dot{t} \tag{10.19}$$

を得る。軌道 $d\tau^2 = -ds^2$ のパラメータはいつでもとり直せることから，

$$\mathcal{L} = -1 \tag{10.20}$$

とすると，

$$L = -r^2 \dot{\phi} \tag{10.21}$$

となる。すなわち，ニュートン力学のときと同様に角運動量は保存し，同じ回転の角周波数

$$\omega_\phi \equiv \dot{\phi} = \frac{L}{r^2} \tag{10.22}$$

と，エネルギー

$$E = -\left(c^2 - \frac{2GM}{r}\right)\dot{t} \tag{10.23}$$

を得る。これら 2 式を用いて，式 (10.20) に $\dot{t}$ と $\dot\phi$ を代入すると，

$$-\frac{E^2/c^2}{1 - 2GM/(c^2 r)} + \frac{\dot{r}^2}{1 - 2GM/(c^2 r)} + \frac{L^2}{r^2} = -c^2 \tag{10.24}$$

を得る。少し計算すると，

$$\frac{1}{2}\dot{r}^2 - \frac{GM}{r} + \frac{L^2}{2r^2} - \frac{GML^2}{c^2 r^3} - \frac{E^2/c^2 - c^2}{2} = 0 \tag{10.25}$$

となる．この式から，r の時間発展は，実効ポテンシャル

$$V = -\frac{GM}{r} + \frac{L^2}{2r^2} - \frac{GML^2}{c^2 r^3} \tag{10.26}$$

と，運動に影響しない定数 $V_0 = -(E^2/c^2 - c^2)/2$ に従って決まる粒子の運動のように考えられる。図 10.2 を参照せよ。この実効ポテンシャルが，ニュートンの実効ポテンシャル (10.8) に一つ項が加わったものであることに気づこう。この項は，引力

$$F = -\frac{3GML^2}{c^2 r^4} \tag{10.27}$$

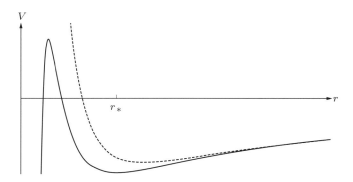

図 10.2 中心質量 M のまわりを運動する質量 m の物体に対する実効ポテンシャル（実線）。グラフは右の端でニュートンのもの（破線）に一致する。

に相当する。中心質量 M のまわりを運動する物体に対する重力の相対論的効果は，この付加的な引力である。

■ 力に対する相対論的修正の効果

この相対論的な重力の特徴を調べよう。まず，この力は L^2 に比例するため，角速度にも比例する。これは，磁力に似た力であることを意味する。角速度なしでは，この力の影響はない。第 2 に，この力は c^2 に反比例する。つまり，相対論的効果であり，非相対論的な速度では小さい。第 3 に，この力は r^{-4} に比例する。これは，半径が小さいところで重要に（実際は支配的に）なることを意味する。太陽系では，半径がもっとも小さくて角速度がもっとも大きい惑星は水星だ。そのため，相対論的な力の効果が検出されるのであれば，それは水星からだと期待される。

この力が軌道にどのように影響するかを見てみよう。ニュートン力学の場合に行ったことを繰り返すと，ポテンシャルの極小値付近では円軌道が見つかるはずだ。その半径を r_* とすれば，

$$\left.\frac{dV}{dr}\right|_{r=r_*} = \frac{GM}{r_*^2} - \frac{L^2}{r_*^3} + \frac{3GML^2}{c^2 r_*^4} = 0 \tag{10.28}$$

である．半径 r_* の点でのポテンシャルの 2 階微分を計算すると，

$$\omega_r^2 = \left.\frac{d^2V}{dr^2}\right|_{r=r_*} = -2\frac{GM}{r_*^3} + 3\frac{L^2}{r_*^4} - 12\frac{GML^2}{c^2 r_*^5} \tag{10.29}$$

となり，式 (10.28) を用いると，

$$\omega_r^2 = \frac{L^2}{r_*^4} - 6\frac{GML^2}{c^2 r_*^5} = \omega_\phi^2 \left(1 - \frac{6GM}{c^2 r_*}\right) \tag{10.30}$$

となる．これより，相対論的な効果が入ると，ニュートン力学で成り立っていた ω_ϕ と ω_r の等価性が破られる。$T_r = 2\pi/\omega_r$ の時間で軌道を一周したとき，角度の変化は，

$$\phi = \frac{\omega_\phi}{T_r} = \frac{2\pi}{1 - 6GM/(c^2 r_*)} \sim 2\pi + \frac{6\pi GM}{c^2 r_*} \tag{10.31}$$

である（c^{-2} のオーダーまでの計算である）。これより，1 周ごとに，近点の位置が角度

$$\delta\phi \sim \frac{6\pi GM}{c^2 r_*} \tag{10.32}$$

だけ進むことになる（これも c^{-2} のオーダーまでの計算である）。

■ 一般相対性理論の初めての検証

水星の軌道半径は $r \sim 55 \times 10^6$ km であり，太陽の質量を用いると，$GM/c^2 \sim 1.45$ km となり，$\delta\phi \sim 0.104$ となる。水星は 1 世紀の間に 415 回公転するが，その間に生じる近日点の歳差 (precession) の角度は，

$$\Delta\phi \sim 43'' / 1 \text{世紀} \tag{10.33}$$

となる。この値は，ニュートン理論では説明できなかった歳差の**測定値**

$$\Delta\phi_{測定値} \sim (42'' \pm 1'') / 1 \text{世紀} \tag{10.34}$$

と見事に一致する。この歳差は，アインシュタインが彼の理論を完成させる前にすでに測定されていた。これまで説明されなかった測定値を正確に説明できると判明したことは，一般相対性理論の初めての勝利となった。アインシュタインは，自分のつくっている理論に強い自信を得た。

場の方程式を探す長い道のりの中で，方程式の候補ができるたびに，アインシュタインはこの歳差の値を何度も計算した。正しい値を導く場の方程式を発見したとき（それはまだ知られていなかったシュヴァルツシルト計量ではなく，近似的な解 $ds^2 = -(1 - 2M/r)dt^2 + (1 + 2M/r)dr^2 + r^2 d\Omega^2$ だったが），彼はこの式が正しいことを確信した。

10.3 太陽による光の曲がり

一般相対性理論により，（多くの）新しい現象が予言された。もっとも初期になされた劇的な予言は，太陽によって光が曲げられるというものである。

光の屈折を理解し，計算するもっとも簡単な方法は，フェルマー (Fermat) の

原理を使うことだろう。光線は，光源から到着点まで，伝播時間がもっとも短くなるような軌跡を描いて進む，という原理だ（この理由は単純だ。光は波であり，干渉がもっとも起こりやすい軌跡を描くからだ）。

星からの光が太陽の近くを通過すると，太陽の質量によって変化した時空形状の影響を受ける。シュヴァルツシルト計量の解析で見たように，この座標では，質量はその近傍に二つの幾何学的影響をもたらす。時間の遅れと，空間形状の動径方向への引き延ばしである。どちらも，太陽近傍を通過する光に対して，太陽から十分離れたところを通過する光に比べて遠まわりさせる影響を与える。そのため，伝播時間を最小にするため，光線は太陽から距離をとるように進む。しかし，経路が長くなりすぎないようにするため，変化量は小さいはずである。これを式にしてみよう。

一般的な座標では，光速は c ではなく，方程式 $ds = 0$ で与えられる。太陽の近傍を通過する光の軌跡の大部分は，動径方向にほぼ沿って進むので，$d\Omega = 0$ と近似しよう。そうすると，

$$ds^2 = -\left(1 - \frac{2GM}{c^2 r}\right) c^2 dt^2 + \frac{1}{1 - 2GM/(c^2 r)} dr^2 = 0 \qquad (10.35)$$

より，

$$v(r) = \frac{dr}{dt} = c\left(1 - \frac{2GM}{c^2 r}\right) \qquad (10.36)$$

となる。これが，この座標での太陽近傍での光速を与える。光は，星の近くでは進み方が遅くなる。

図 10.3 のように，光線が太陽の近くに来るまでの軌跡を（この座標系で）直線とみなして簡単に考えよう。そして，光線は角度 α で屈折し，ふたたび直線

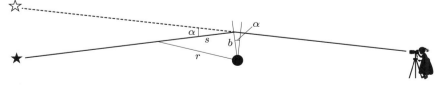

図 10.3　太陽による光の屈折。白い星は，天空上の星の見かけの位置である。

で伝播するとしよう。屈折点は，太陽の中心からの距離が b の位置にあるとする。光が（遠方の）星から放射され，屈折点に到達するまでの時間は，

$$\tau = \int_{\infty}^{0} \frac{ds}{v(r)} = \int_{\infty}^{0} \frac{ds}{c\left(1 - 2GM/(cr^2)\right)}$$
$$= \int_{\infty}^{0} \frac{ds}{c\left(1 - 2GM/(c^2\sqrt{b^2 + s^2})\right)} \tag{10.37}$$

である。微小量 c^{-2} で展開すると，

$$\tau = \int_{\infty}^{0} \frac{ds}{c} \left(1 + \frac{2GM}{\sqrt{b^2 + s^2}c^2}\right) \tag{10.38}$$

となる．全通過時間の b による変分は，τ の変分の2倍に相当するので，

$$\frac{dT}{db}\bigg|_{\text{速度依存}} = \frac{2GM}{c^3} \int_{\infty}^{0} ds \frac{2b}{(b^2 + s^2)^{\frac{3}{2}}}$$
$$= \frac{4GM}{bc^3} \int_{\infty}^{0} dx \frac{1}{(1 + x^2)^{\frac{3}{2}}}$$
$$= -\frac{4GM}{bc^3} \tag{10.39}$$

となる（最後の等号では，積分公式 $(d/dx)(x/\sqrt{1 + x^2}) = (1 + x^2)^{-3/2}$ を用いた）。b が大きくなると，相対論的効果は，光の移動時間を上式のように減少させる。

その一方で，b が大きくなると，光の経路は増加する。その値は，$L \sim b\sin\alpha \sim b\alpha$ であることから簡単に見積もれる（図 10.3 を参照せよ）。この経路に対する通過時間は $T \sim b\alpha/c$ であり，経路長の変化による移動時間の変分は，

$$\frac{dT}{db}\bigg|_{\text{経路依存}} = \frac{\alpha}{c} \tag{10.40}$$

となる。フェルマーの原理より，光線が従う経路は全変分がゼロのところである。すなわち，

$$\frac{dT}{db} = \frac{dT}{db}\bigg|_{\text{速度依存}} + \frac{dT}{db}\bigg|_{\text{経路依存}} = -\frac{4GM}{bc^3} + \frac{\alpha}{c} = 0 \tag{10.41}$$

となり，これより，

$$\alpha = \frac{4GM}{c^2 b} \tag{10.42}$$

が得られる。太陽表面にもっとも近い軌跡をとる星からの光の場合，b に太陽半径 7×10^5 km を代入し，$GM/c^2 \sim 1.45$ km を用いると，

$$\alpha \sim 1.75'' \tag{10.43}$$

となる。これがアインシュタインの予言である。1919 年，アーサー・エディントン (Arthur Eddington) が観測隊を率いて，日食時にこの角度を測定した（日食以外では，太陽近くの星を日中に見ることはできない）。彼らは実際にこの曲がり角を確認し，アインシュタインを瞬く間に有名にした。

練習問題

アインシュタインは実のところ幸運だった。これより数年前，彼は式 (10.42) の値の半分の値を予言していた。その理由は式 (7.7) の計量を使ったからで，これは正しくなかったからだ。この（誤った）予言値を観測する計画があったが，日食の間ずっと雲が出ていて測定ができなかった。この幸運な災難は，アインシュタインに正しい予言値を計算する時間を与えてくれたといえる[**式 (7.7) の計量が実際の値の半分の値を導くことを示せ**]。

10.4 地平面近傍の軌道

与えられた質量 M に対し，半径

$$r_\mathrm{S} = \frac{2GM}{c^2} \tag{10.44}$$

をシュヴァルツシルト半径と呼ぶ。周回半径がシュヴァルツシルト半径よりも十分に大きければ，前節で見たように，相対論的効果は，ケプラー軌道に対するわずかな修正でしかない。一方，シュヴァルツシルト半径に近づくと，おもしろいことが起こる。

シュヴァルツシルト半径からわずかに離れたところでは，相対論的効果はとても大きい。それを見るために，実効ポテンシャル (10.26) をもう一度考えよ

う。このポテンシャルを図 10.2 に示したが，このグラフは，ニュートンの場合にはない二つ目の極値をもっている。角運動量による遠心力を乗り越えて，ふたたび引力に転じるところがあるのだ。二つの極値は，半径

$$r_\pm = \frac{c^2 L^2 \pm \sqrt{c^4 L^4 - 12 c^2 G^2 L^2 M^2}}{2 c^2 GM} \qquad (10.45)$$

のところに生じる。角運動量 L が十分に大きいと，ルートの中身は正になり，図 10.2 に示すように，ポテンシャルは二つの極値をもつ。大きいほうの極値（r_+ の位置）は極小値で，この半径では，質点の運動は安定なケプラー軌道になる。しかし，二つ目の極値（r_- の位置）は極大値である。これは，**不安定**円軌道の限界になる。

■ 最小安定軌道

　安定なケプラー軌道の半径は L^2 に応じて小さくなるが，L^2 が小さくなりすぎると，ルートの中身が負になってポテンシャルが極小値をもたなくなる（図 10.2 のふるまいは，もはや正しくなくなる）。この限界は $L^2 = 12 G^2 M^2 / c^2$ で，L^2 がこの値になるとき，最小値を与える半径と最大値を与える半径は等しくなって，その位置は

$$r = \frac{6GM}{c^2} = 3 r_{\mathrm{S}} \qquad (10.46)$$

となる。これは，シュヴァルツシルト半径の 3 倍に相当する $6GM/c^2$ 以下では安定な軌道が存在しない，という重要な結論を導く。飲み込まれていく物質がこの半径に達すると，この半径以内では安定軌道は存在しないので，少しでもエネルギーを失えば，物質はブラックホールに飲み込まれていく。この最小安定軌道の存在はブラックホールの降着円盤として観測されている。このことは，私たちが天に見る現象が実際にこの理論でよく記述されていることを示唆している。

■ 光の軌道

　この章をまとめる前に，光の軌道についても学んでおこう。上記と同じ解析

を行うが，違いは，$ds^2 = -1$ ではなく $ds^2 = 0$ とすることだ。これは光線の方程式 (4.8) から導かれる。これを用いると，実行ポテンシャルは次式のように，若干違う形になる。

$$v = \frac{L^2}{2r^2} - \frac{GML^2}{c^2 r^3} \tag{10.47}$$

質量をもつ粒子の場合と比べると，ニュートン的な項が欠落している。図 10.4 を参照せよ。

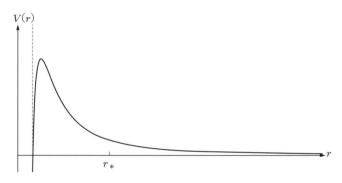

図 10.4 ブラックホール周囲の光線に対する実効ポテンシャル。

　非相対論的な極限では光は物質に近寄っていく，と書かれていることがあるが，それは正しくない。非相対論的な極限では，相対論的な項 $GML^2/(c^2 r^3)$ がゼロになっていき，遠心力項が残る。これが光を直進させる。

実効ポテンシャルは最大値をもつ（図 10.4）。その位置は

$$r = \frac{3GM}{c^2} = 1.5\, r_{\mathrm{S}} \tag{10.48}$$

である。このことは，光もシュヴァルツシルト半径の 1.5 倍の半径までは周回できるということを意味している。光線が物質の強い引力によって歪められるのは，シュヴァルツシルト半径のすぐ外側の領域である。

　次の章では，r_{S} に注目する。この半径とその内側では何が生じるのか，いわゆるブラックホール物理学について説明する。この章の残りでは，二つのトピッ

クについて説明する。一つは，質量が**長距離にて**及ぼす影響についてである。とくに，アインシュタイン方程式にて宇宙項が支配的になる状況に注目する。もう一つは，**荷電し回転している**質量の場についてである。

10.5 宇宙論的な力

宇宙定数**をもつ**アインシュタイン方程式の厳密解の一つは，

$$ds^2 = -\left(1 - \frac{2M}{r} - \frac{\lambda}{3}r^2\right) dt^2 + \frac{1}{1 - 2M/r - (\lambda/3)r^2} dr^2 + r^2 \, d\Omega^2$$
$$(10.49)$$

である。シュヴァルツシルト解との違いは，ニュートンポテンシャル $-M/r$ が修正されて，$-(\lambda/6)r^2$ の項が加わっていることだ。この項のため，単位質量あたり

$$F_\lambda = \frac{\lambda}{3}r \tag{10.50}$$

の斥力が生じる。λ が小さいためこの力は小さいが，距離に応じて増大する。そのため，大きなスケールでは影響を及ぼすようになる。実際，宇宙論的な距離で影響すると考えられるため，定数 λ は宇宙定数と呼ばれている。

したがって，重力は短い距離では引力だが，大きな距離では斥力になる。質量 M の物体に対して，（不安定）平衡点は

$$\frac{GM}{r^2} = \frac{\lambda}{3}r \tag{10.51}$$

より求められ，

$$r = \sqrt[3]{\frac{3GM}{\lambda}} \tag{10.52}$$

となる。この力が（「量子真空エネルギー」とか「ダークエネルギー」と呼ばれるような謎めいたものではなく，この力が），宇宙膨張を現在加速させているのだ（4.3 節の最後の部分のコメントを参照してほしい）。

10.6 カー–ニューマン計量と座標の引きずり

　シュヴァルツシルト計量は，回転していない質量のまわりの時空を描いている。回転している質量のまわりの時空計量を発見するまでには，長い年月を要した。それを記そう。質量 M が回転していて，その角運動量が $J = ac^2 M$，電荷が Q のとき，計量は

$$ds^2 = \rho^2 \left(\frac{dr^2}{\Delta} + d\theta^2 \right) - \frac{\Delta}{\rho^2}(dt - a \sin^2 \theta \, d\phi)^2$$
$$+ \frac{\sin^2 \theta}{\rho^2}((r^2 + a^2)d\phi - a \, dt)^2 \tag{10.53}$$

となる。ここで，

$$\rho^2 = r^2 + a^2 \cos^2 \theta, \quad \Delta = r^2 - 2GMr + a^2 + Q^2 G \tag{10.54}$$

としている。この計量は，ニュージーランドの数学者ロイ・カー (Roy Kerr) と，アメリカの相対論研究者テッド・ニューマン (Ted Newman) によって発見されたので，カー–ニューマン計量と呼ばれる。これは，アインシュタイン–マクスウェル方程式の（$\lambda = 0$ での）解である。この計量は対角的ではない。ゼロではない $g_{t\phi}$ の項がある。

■ 座標系の引きずり

　回転している物体の効果を明らかにするために，地球の北極点でこの計量を考えよう。地球の全電荷は無視できて $(Q = 0)$，北極点では $\cos \theta = 1$ である。地球半径を固定し，3 次元計量を t, θ, ϕ 座標で書いてみよう。θ で 2 次のオーダーまでを用い，$R = \rho\theta$ とすると，

$$ds^2 = \left(1 - \frac{2GM}{\rho^2} + R^2 \frac{a^2}{\rho^4} \right) dt^2 - dR^2 - R^2 \, d\phi^2 + 2R^2 \frac{2GMa}{\rho^4} dt \, d\phi \tag{10.55}$$

となる。ここで，ρ は定数であり，地球の半径に近い値をもつ。dt^2 の項の括弧は，通常の重力による時間の遅れに対して小さな修正を与えたものである。第 2 と第 3 の項は，極座標での平面を表す普通の計量である。注目すべきは最後

の項だ。これは何を意味しているのだろうか。式 (3.122) とそのあたりの議論を読み直すと，意味が明らかになる。この項は，これらの座標で定義される標枠 (frame) が慣性系に対して回転していることを示している。角速度は

$$\omega = \frac{2GM}{c^2 \rho^4} a \qquad (10.56)$$

である。t, r, θ, ϕ の座標で表されたこの計量は定常（時間に依存しない）なので，慣性系はこの定常な標枠に対して回転する。星は動かず，この定常な標枠に対して定常である。そのため，北極点における慣性系は，固定された星に対して回転しているのだ！

　地球は角速度 $\omega_{\oplus} = 1/\text{day}$ で回転している球である。その角運動量は $J_{\oplus} \sim r_{\oplus}^2 M_{\oplus} \omega_{\oplus}$ のオーダーであるため，$a_{\oplus} = J/(M_{\oplus} c^2) = r^2 \omega_{\oplus}/c^2$ となる。よって，北極点の座標系は，角速度

$$\omega \sim \frac{r_{\text{S}}}{r_{\oplus}} \omega_{\oplus} \sim \frac{1.5\,\text{cm}}{6000\,\text{km}} / \text{day} \sim 2 \times 10^{-8} / \text{day} \qquad (10.57)$$

で回転することになる。すなわち，北極点の標枠は星に対しては固定されているが，慣性系に対しては，この（小さな）角速度で実際に回転している。

ニュートンのバケツ III　ニュートンのバケツの理論を思い出そう。回転しているバケツの中の水のくぼみから，絶対回転を見つけることができる。つまり，絶対空間が存在する。上記の結果は，水のくぼみは重力場の局所的な値に対して回転していることで生じていて，そして，その重力場は地球という大きな回転している質量の影響を受けていることを示している。**ニュートン空間は重力場なのだ。**

Chapter

11

Black Holes

ブラックホール

シュヴァルツシルト計量では，半径

$$r_{\mathrm{S}} = \frac{2GM}{c^2} = 2m \qquad (11.1)$$

のところで奇妙なことが起こる。この章では，$G = c = 1$ として，ブラックホールの質量を小文字の m で表すことにする。そのため，シュヴァルツシルト半径は，$r_{\mathrm{S}} = 2m$ と表される。

この半径の位置では，計量の g_{00} 成分はゼロになり，g_{rr} 成分は無限大になる。つまり，時計は止まり，面積が $4\pi r^2$ の球面と，そこから座標で微小距離 dr 離れた球面の間の距離は無限大になってしまう。アインシュタインは，$r < 2m$ では時空は存在しないと考えた。

しかし，彼は間違っていた。

ノーベル賞を受賞することになるスティーブン・ワインバーグ (Steven Weinberg) は，1970 年代の相対性理論の教科書で，シュヴァルツシルト解は球形の質量の外部で成り立つため，この質問は単に学問上の興味だったのかもしれない，と書いている。地球のシュヴァルツシルト半径は $r_{\mathrm{S}} \sim 1\,\mathrm{cm}$ でしかなく，この質問が意味をもつには，地球の全質量が $1\,\mathrm{cm}^3$ に集中するほどの密度に到達することが求められる！ 当時は，このような現象が宇宙で生じるのかどうか疑わしい，と思われたのだ。

しかし，現在では，私たちはより多くのことを知っている。1960 年代に進んだ議論で，相対性理論は，$r = r_{\mathrm{S}}$ 付近で起こるであろう現象を明らかにした。地平面の幾何学や物理学の理解が進んだのだ。当初，シュヴァルツシルト計量の特異性は，時空に対称性を課したことが原因と疑われた。ロジャー・ペンロー

ズ (Roger Penrose) は，数学的方法で特異点定理を証明し[†1]，この問題は時空の対称性によらず一般に起こり得ることを研究者に確信させた。彼はこの業績で 2020 年のノーベル物理学賞を受賞した。

　過去数十年の間に，宇宙でこれらの現象が実際に多数発見されている。それらは**ブラックホール**と呼ばれている。宇宙にはブラックホールがたくさんある。これまでに観測されたものは，太陽質量の数倍の質量のものから数十億倍のものまでの広範囲に及んでいるが，ほかのサイズのブラックホール，たとえば，原始宇宙で生成された非常に小さなブラックホールが存在する可能性もある。

　ブラックホールとして説明される天体の存在証拠は豊富にある。たとえば，ブラックホールに落ちる物質が渦巻くことで形成される「降着円盤」から放出される強力な X 線が例として挙げられる。ブラックホールの合体によって生じる重力波の検出もある。さらには，巨大ブラックホールのすぐ周囲を電波望遠鏡で直接画像化したことも最近報告された。

　ブラックホールの存在の証拠としてもっとも印象的なものの一つは，私たちの銀河の中心にあるブラックホールを周回している星の観測から得られた。これらの星のケプラー軌道に対して簡単なニュートン解析を行うと，周回している星々の中心にある天体は，太陽質量の 400 万倍程度の質量を 125 AU（天文単位：太陽−地球間の距離に相当）に集中させていて，その位置は，強力な電波源として知られる Sgr A*の位置に対応している[‡1]。Sgr A*の見かけの大きさは 1 AU よりも小さく，固有運動は観測されていない。このことは，太陽質量の 400 万倍もの質量が地球の公転軌道より小さな半径の内側に存在していることを示していて，ブラックホール以外のものがそのような天体であるとは，とても想像しがたい。レインハルト・ゲンツェル (Reinhard Genzel) とアンドレア・ゲズ (Andrea Ghez) は，この観測で 2020 年のノーベル物理学賞を受賞した。

[†1]　R. Penrose, 'Gravitational collapse and space-time singularities', Phys. Rev. Lett., vol.14, no.3, pp.57-59, 1965.
[‡1]　訳者注：Sgr A*は，いて座 (Sagittarius) A スター，と読む。

11.1　地平面のところ

　3.1.3 項の最後の例を再検討しよう（図 3.4）。この例は，シュヴァルツシルト座標で何が起こるかを示している。例にあった座標 x, y が線 $X = 0$ を避けていたように，シュヴァルツシルト座標は，実際の物理的時空には $r = r_{\mathrm{S}}$ の面があるにもかかわらず，それを避けている。より正確には，この面へは，$t \to \infty$ の場合にのみ到達し得る。

　逆に言えば，シュヴァルツシルト計量では，曲線 $(r = r_{\mathrm{S}}, t, \theta, \phi)$ は，θ と ϕ をどう考えようとも，**物理的時空の一点に対応している**。あたかも，極座標を用いたときに点 $(0, \phi)$ が任意の ϕ に対して同じ北極を表しているかのようだ。

　これが当てはまるかどうかを確認するには，3.1.3 項の例で「適切な」デカルト座標 X, Y が役立ったように，より適切な座標に変換する必要がある。

▩ パンルヴェ–グルストランド座標

　単純に時間座標を変えるだけで，ふるまいのよい座標系に変換することができる。以下のように，新たな時間座標 t_* を定義しよう。

$$
t_* = t + 2\sqrt{2mr} + 2m \ln \frac{\sqrt{r/(2m)} + 1}{\sqrt{r/(2m)} - 1} \tag{11.2}
$$

これをパンルヴェ–グルストランド (Painlevé-Gullstrand) 座標と呼ぶ。図 11.1 を参照せよ。この座標は，$r = 2m$ の位置，および，その過去の領域を記述する。微小量の対応は，

$$
dt = dt_* - \frac{\sqrt{2m/r}}{1 - 2m/r} dr \tag{11.3}
$$

となる。

　この座標でシュヴァルツシルト計量を表現すると，次のようなよい形になる。

$$
ds^2 = -dt_*^2 + \left(dr + \sqrt{\frac{2m}{r}} dt_* \right)^2 + r^2 d\Omega^2 \tag{11.4}
$$

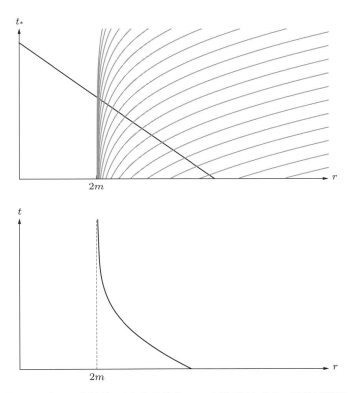

図 11.1 上：t 座標が一定となる線を r, t_* 座標で見たもの。黒線は落下し
ていく軌跡を表す。この線が $r = r_S$ と交わるのは $t = \infty$ だけであ
ることに注意せよ。下：同じ軌跡をシュヴァルツシルト座標 r, t で
表したもの。この座標では，軌跡は $r = 2m$ へ決して到達しない。

これは，$r = 2m$ で何が生じるかを理解するために一歩前進した座標である（あ
とで紹介する座標のほうが優れているので，ベストなものではない）。地平面で
何が生じるか見てみよう。

■ シュヴァルツシルト半径での光円錐

　動径方向の $(d\Omega = 0)$，光の $(ds = 0)$ 軌跡について見てみよう。これらは，
計量

$$dt_*^2 = \left(dr + \sqrt{\frac{2m}{r}} dt_* \right)^2 \tag{11.5}$$

によって与えられる。この式に対して，

$$\frac{dr}{dt_*} = \pm 1 - \sqrt{\frac{2m}{r}} \tag{11.6}$$

という二つの解が得られる。それぞれ，光が内向きに進むか外向きに進むかに対応している。r が大きい極限では，

$$\frac{dr}{dt_*} \sim \pm 1 \tag{11.7}$$

となり，これは標準的なミンコフスキーの場合（外向きの光は $r = t$，内向きの光は $r = -t$）と一致する。したがって，＋の符号が外向きの光に，－の符号が内向きの光に対応する。r が小さいところでは，dr/dt_* も減少する。内向きの光の軌跡は，dr/dt_* の符号を負に保つ。これは期待されていた結果である。内向きの光は，より内向きに進むのだ。しかし，外向きの光を見てみると，dr/dt_* は，$r = 2m$ の位置で符号を変える。これは何を意味しているのだろうか？

　$r < 2m$ の領域では，「外向き」に出た光も，r の小さい方向へ向かうという意味で，**落ち込んでいく**のである。

　すなわち，あなたが半径 r の球面上の一点で光を灯したとしよう。光は内向きと外向きに，球面上に広がって離れていく。この 2 本の光線は，(r, t_*) 面で表すことができる。r が $2m$ より大きいところでは，2 本の光線は，r の増える方向と r の減る方向へと進んでいく。しかし，r が $2m$ より小さい領域では，どちらも r の減る方向へと進むのだ（もし球面が物質でできているとすれば，その動きは，2 本の光線が進む軌跡の内側になるから，この場合も，半径の小さい方向へと進むことになる）！　重力が強すぎて，光でさえも脱出することができないのだ。どんな物質に対しても，重力が落ち込んでいくことを強制するのである。

　以上をまとめたのが，図 11.2 である。この図は，地平面を越えて延長されたシュヴァルツシルト解の多くの特徴を，光円錐の形を用いて描いている。物質

は時間的な方向にのみ移動するので，図から，$r = 2m$ 以内の領域では，同じ場所にとどまっていられないことがわかる。どのような物質も強制的に落下していくのだ。重力が強すぎて止まっていられないのである。しかも脱出できないのだ。光でさえも，落下していくことに逆らえないのである。

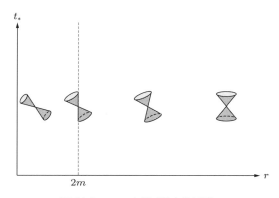

図 11.2 t_*, r 座標で見た光円錐。

■ 捕捉地平面 (trapping horizon)

　ブラックホールの内部では，いかなる光の波面がつくる2次元球面（$r = $（一定），$t = $（一定）の面）の面積も減少する。一般に，任意の2次元球面でこの現象が生じるとき，その領域は「捕捉された」という。補足領域というアイデアは，ペンローズによって導入され，定義された。彼は，一般相対性理論によれば，ひとたび捕捉領域が発生すると，エネルギー密度が正であれば，重力崩壊から特異点 (singularity) 発生は避けられないということを証明した。

　シュヴァルツシルト計量の捕捉領域の境界は，$r = 2m$ の3次元面である。これは光的面 (null surface) である。光はこの面に沿って伝播できる。実際に，光は $r = 2m$ の位置で，その波束面積を保ちながらとどまることができる。

　この $r = 2m$ の3次元面がブラックホールの境界である。この境界を，ブラックホールの「地平面 (horizon)」と呼ぶ。この名前の由来は，この境界の内部にとどまっているものに対しては，外部にいる観測者がその地平面を越えて観測することができないからである。地球上で地平線を越えた観測ができない

ことと同じである。

　ブラックホールの内部の物体から放出される光は，落ち込んでいくだけで，外には出てこない。これは，明らかに，地平面の向こう側には何もないという意味ではない。そこにあるものを見るには，そこに（地平線を越えて）行け，というわけだ。

　事象の地平面 (event horizon)　$r = 2m$ の面は，捕捉地平面であることに加えて，もう一つ興味深い特性をもつ。光が無限遠方に逃げることができる時空の領域を考えると，この面はその内部の境界である。技術的に表現すると，**未来の（光的）無限遠に到達し得る過去側の時空領域の境界**となる（未来の光的無限遠とは，光が脱出できる方向の集合である。その過去側とは，そこからの光が脱出できる領域を意味する）。一般の時空では，**未来の光的無限遠に到達し得る過去側の時空領域の境界**を「事象の地平面」と呼ぶ。そのため，シュヴァルツシルト時空の捕捉地平面 $r = 2m$ は，事象の地平面でもある。

　シュヴァルツシルト解では，捕捉地平面と事象の地平面が一致するが，これは一般には当てはまらない。たとえば，次のような例がある。ある時刻で物質がブラックホールへ落下し，ブラックホールの質量が m から $m + \Delta m$ へ増加したとしよう。物体が落下する直前では，$r = 2m$ のすぐ外側は，光が動径方向外側に進めるので，捕捉地平面の外側だったかもしれない。しかし，ブラックホールが大きくなったため，同じ光線は半径 $r = 2(m + \Delta m)$ 以内であると自覚し，無限遠に脱出できなくなり，その場所は事象の地平面の内側になる。

　「捕捉地平面」と「事象の地平面」の間には，重要な概念上の違いがある。前者は現在の時刻のみに依存して決定され（光線はより内側に向かって落下），後者は将来に起こり得ることで決定される。事象の地平線の位置は，場の未来の（または遠方の）すべての状態を知ったうえで決定されるのだ。逆に言えば，捕捉地平面の位置であれば，必ずブラックホールの領域にいる，ということになる。

　シュヴァルツシルト解は単なる近似であって，量子効果を無視している。遠い将来に現実のブラックホールで何が生じるかは知る由もない。落ちた光線が最終的に逃げる可能性だってあるだろう。そうであれば，実際のブラックホールには事象の地平線がないことになる。しかし，$r = 2m$ の面は，捕捉地平面の内部である。そのため，現実のブラックホールを考えるうえでは，事象の地平面は，捕捉地平面ほど重要ではないといえる。

■ エディントン–フィンケルシュタイン (Eddington-Finkelstein) 座標

ブラックホールの外部と内部の領域全体をカバーする，別の単純な座標系は，ミンコフスキー時空の場合に式 (3.118) で使われた座標と同様に，v と r を混合したものでうまく表すことができる。シュヴァルツシルト形状は，この座標を使うと，

$$ds^2 = \left(1 - \frac{2m}{r}\right) dv^2 - 2dv\,dr + r^2 d\Omega^2 \tag{11.8}$$

という単純な形で表すことができる。元のシュヴァルツシルト座標との関係は，次のような変数変換で与えられる。

$$t = v - r - 2m \log\left|\frac{r}{2m} - 1\right| \tag{11.9}$$

> **練習問題**
> この変換を用いて，式 (10.2) から式 (11.8) を導け。

v, θ, ϕ が一定の曲線は，無限遠方からブラックホールに落下する動径方向の光線である。

11.2　ブラックホールの中

ブラックホールの中はどうなっているのだろうか？

■ ブラックホール内部の形

ブラックホールの内部は，線素 (11.4) で $r < 2m$ とすることで描かれる。座標の変換 (11.2) を行わずに，元のシュヴァルツシルト座標に戻ろう。シュヴァルツシルト線素 (10.2) で $r < 2m$ とすると，ブラックホールの内部を記述できる。すなわち，この座標で悪さをするのは，二つの領域に挟まれた境界だけである。

計量の g_{tt} と g_{rr} の成分は $r = 2m$ で符号を変えるので，ブラックホールの中では，r は時間的な変数になり，t は空間的な変数になる。このことは物理的に特別な意味をもつものではなく，単に局所的な座標の任意な命名にすぎない。

計量の対称性は，内部と外部で異なっている。計量の t 変数依存性は，内部と外部で異なった意味になる。外部では，時間方向変換対称性があり，時空は静的である。内部では，空間方向変換対称性がある。時間的な r 変数に計量が依存するということは，内部の計量がもはや時間に独立ではないことを示している。$r = (\text{一定})$ の面は**空間的**面である。この面における3次元（正定値）計量は

$$ds^2 = \left(\frac{2m}{r} - 1 \right) dt^2 + r^2 d\Omega^2 \tag{11.10}$$

となる。これは，3次元円柱を表す計量である。半径 r の球面に，線素 $\sqrt{(2m/r) - 1}\, dt$ の線を乗じたものだ。時間が経過すると，r は減少する。球面は縮み，円柱の長さは増加する。

これがブラックホール内部の形状だ。時間とともに半径が減少し，時間とともに長さが増大する円柱である。時間が経過（r が減少）すると，円柱は長く細くなっていく。図 11.3 を参照せよ。いわば，外部の時間の流れが，内部の円柱の伸びを地平面を越えて「後押し」しているのである。

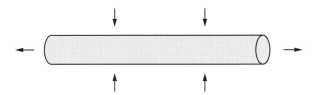

図 11.3 ブラックホールの内部形状。時間一定（r が一定）の面は，2次元球面と線の積で形成される3次元円柱である。時間が経過する（r が小さくなる）と，円柱は長くなり，幅も狭くなる。

■ 落下

ブラックホールに入ると何が起こるのだろうか？

地平面を通過することはとくに難しいことではない。局所的には時空はいつも平坦であり，地平面そのものは局所的には完全に通常どおりである。その次に何が生じるだろうか？

この落下は自由落下であり，落下していく小さな宇宙船では何も力を感じな

いだろう。しかし，中心に近づくほど時空の曲率は大きくなる（ニュートン重力の位置エネルギーに相当するシュヴァルツシルト計量の成分は，$r \to 0$ になるにつれ，$1/r$ のようにふるまう。つまり，この成分は増大していく。その1階微分は $1/r^2$ であり，2階微分は $1/r^3$ なので，曲率の増え方も $1/r^3$ である）。曲率が大きくなればなるほど，ミンコフスキー時空で近似できる時空の領域は小さくなる。曲率半径が宇宙船と同じ程度になると，慣性運動が宇宙船形状と一致しなくなる。いわば，宇宙船は「潮汐力」で歪められるようになる。中心に向かう引力は半径が小さいほど強くなるため，宇宙船が落ち込む先頭部分は後ろ側部分よりも加速し，潮汐力は宇宙船を引き伸ばしていく。これらの力は $r \to 0$ で発散するので，宇宙船を含むすべての構造物は，中心に到達する前に破壊されてしまう。

このプロセスはどれくらいの時間続くのだろうか？

角運動量がなく，中心に向かって落下する場合を考えよう。動径方向への落下軌道での最大固有時間の見積もりは，$dt = 0$ とおくことで得られる。すなわち，地平面通過から中心までの固有時間は，

$$T = \int ds = \int_{2m}^{0} \sqrt{-g_{rr}(r)}\,dr = \int_{2m}^{0} \frac{dr}{c\sqrt{1 - 2GM/(c^2 r)}} = \frac{\pi G m}{c^3} \tag{11.11}$$

である．恒星ブラックホールの場合，シュヴァルツシルト半径は数キロメートルなので，この時間はマイクロ秒程度である。風景を楽しむには短いかもしれない。

これに対して，これまでに観測されたブラックホールの中で最大のものは，恒星ブラックホールの 10^9 倍に及ぶシュヴァルツシルト半径をもち，落下時間は数時間続くことになる。物理学者が地平面から入り込んだとすれば，原理的には，さまざまな測定をしてブラックホール内部の発見をするには十分な時間だ。ただし，r が小さな領域ではすべてが破壊されてしまうため，物理学者はすぐに亡くなってしまうのも事実だ。だが，地平面の外側にいても人々はいつか亡くなるのも事実だ。

■ 中心に向かって

曲率の大きさは，上で述べたように，$GM/(c^2r^3)$ 程度である。この大きさは，

$$r \sim \sqrt[3]{\frac{G^2\hbar M}{c^5}} \tag{11.12}$$

では，$GM/(c^2r^3) \sim c^3/(\hbar G)$ のプランクスケール程度になってくる。半径がこのスケールになると，量子効果が効き始め，無視することができなくなる。古典一般相対性理論が信用できなくなるのだ。式 (11.12) が示しているのは，この半径はプランク長よりもずっと長いということだ。量子効果については，最終章でふたたび触れる。

> 一般相対性理論がブラックホールの中心に「特異点」の存在を予言している，とあちこちの文献に書かれているが，この言葉が意味するものは，現実の世界で必ずしも正しいわけではない。量子力学的な効果が重要になれば，そのような仮想的な「特異点」に到達する前から，物理的な描像を変えることになる。

11.3　ホワイトホール

アインシュタイン方程式は，時間座標を $t \mapsto -t$ と反転させても不変である。つまり，もし私たちがアインシュタイン方程式の解を映画にして時間 t に逆行するように上映しても，その計量はアインシュタイン方程式の解になっている。

シュヴァルツシルト計量 (10.2) は t を $-t$ と置き換えても変化しないので，ブラックホールの外部は時間反転対称である。しかし，地平面はそうではないし，ブラックホールの内部も違う。ブラックホール計量 (11.4) を時間反転した計量は，

$$ds^2 = -dt_*^2 + \left(dr - \sqrt{\frac{2m}{r}}dt_*\right)^2 + r^2d\Omega^2 \tag{11.13}$$

となり，これは式 (11.4) の描く外部とは異なる方向への延長になる。式 (11.4) は未来に向かって延長しているのに対し，式 (11.13) は過去に向かっている。この過去に向かう延長は，ホワイトホールと呼ばれる。その光円錐の構造は，図

11.2 を単純に上下反転させたものだ。図 11.4 を参照せよ。u と r を混ぜた座標系では，ホワイトホール内部と外部でつくられる領域は，

$$ds^2 = \left(1 - \frac{2m}{r} \right) du^2 + 2du\,dr + r^2\,d\Omega^2 \tag{11.14}$$

として与えられる。式 (3.119)，(11.8) と比較してみてほしい。u, θ, ϕ が一定の曲線は，ホワイトホールが発する動径方向の光である。シュヴァルツシルト計量は $t \mapsto -t$ の変換で不変であるから，ホワイトホールの地平面の外側は，ブラックホールの外側の計量とまったく同じである。ホワイトホールの外部がブラックホールの外部と同じということは，ホワイトホールは質量をもち，引力を及ぼし，物体がその周囲をまわる軌道があるなど，ブラックホールと同様のふるまいを見せるということだ。地平面を越えて初めてそれらの違いが判明することになるのだ。

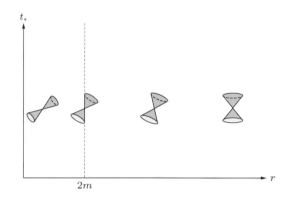

図 11.4 t_*, r 座標で，ホワイトホールの光円錐を描いたもの。

■ 外部領域でのブラックホールとホワイトホールの相対的な位置

上記のことは，一見したところ混乱を生じさせる。地平面の外部がまったく同じだとしたら，地平面に到達したとき，両者の違いはどうやって生じるのだろうか。その答えは，計量 (10.2) は未来と過去の二つの方向に延長することができる，という点にある。

シュヴァルツシルト座標の $r = 2m$ の線は，θ と ϕ を固定して t を動かした

としても，物理的時空では**ただ一つの点**であることを思い出してほしい。この点は，外部のシュヴァルツシルト時空の**二つの光的境界**がつながるところである。シュヴァルツシルト時間座標 t は，ホワイトホールの境界では負の無限大になり，ブラックホールの境界では正の無限大になる。これらの無限大は，座標系の設定のまずさに起因する。シュヴァルツシルト時空の外部の境界面は，形状としては問題がないのだ。したがって，シュヴァルツシルト時空の外部は二つの地平面をもつことになる。一つは t が大きな正の値をとるところで，もう一つは t が大きな負の値をとるところだ。図 11.5 を参照せよ。

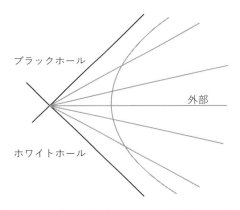

図 11.5　ブラックホールの外部は，2 方向に接続されている。一つは，$r = 2m, t = +\infty$ の面を越えたブラックホール側である。もう一つは，$r = 2m, t = -\infty$ の面を越えたホワイトホール側である。直線は $t =$ (一定) の面を表す。曲線は半径一定面を表す。$r = 2m$ のすべての球面は，任意の有限時間 t で，時空上の 1 点に対応している。その点は，二つの地平面（太線）が交わる場所である。

　シュヴァルツシルト計量が外部の 2 方向に延長する様子は，図 3.8 に示したように，ミンコフスキー時空をリンドラー座標で表すことを思い出してもらえば理解しやすいだろう。リンドラー座標は，リンドラーくさびと呼ばれる，ミンコフスキー時空の一部のくさび形部分 $(x > |t|)$ のみを覆っていた。ここでのくさびは，原点で接続する二つの光的直線を境界としていた。二つの光的直線はそれぞれ $\tau = \pm\infty$ にあった。リンドラー座標で $\rho = 0$ の線は，任意の有限な τ に対し

て，どの線上の点もミンコフスキー時空の **1 点**に対応していて，それはくさびの二つの光的境界が交差する点だった。シュヴァルツシルト外部解の二つの境界についても，まったく同じ状況になる。図 3.8 と図 11.5 を比較せよ。

■ シュヴァルツシルト計量とリンドラー計量*

シュヴァルツシルト時空とリンドラー時空の類似性は，単なる類推以上のものだ。実際，シュヴァルツシルト計量の t, r 面での $r = 2m$ 近傍は，リンドラー計量になっているのだ！ それを見るために，

$$r = 2m + x \tag{11.15}$$

として，$r = 2m$ に近い部分，すなわち，$x \ll 2m$ の部分の計量を考えることにしよう。このとき，次式のように展開することができる。

$$1 - \frac{2m}{r} = 1 - \frac{2m}{2m + x} = 1 - \frac{1}{1 + x/(2m)}$$
$$\sim 1 - \left(1 - \frac{x}{2m}\right) = \frac{x}{2m} \tag{11.16}$$

これより，シュヴァルツシルト計量は（$d\Omega^2 = 0$ とすると）

$$ds^2 = -\frac{x}{2m}dt^2 + \frac{2m}{x}dx^2 \tag{11.17}$$

となる。変数を $x = \rho^2/(8m)$ および $t = 4m\tau$ とすると，

$$ds^2 = d\rho^2 - \rho^2 d\tau^2 \tag{11.18}$$

となって，これはリンドラー計量そのものである。つまり，地平面の近傍では，時間方向と動径方向のみに注目すると，シュヴァルツシルト計量はリンドラー計量に合致するのだ。

このことは，物理的には次のように理解できる。あなたが地平面からほんの少しだけ離れたところにいるとしよう。落下せずにその場所にとどまるためには，あなたはロケットが必要になる。自由落下しないために，一定加速度で脱出しようとしなければならない。第 1 近似では，どのような計量も平坦だ。そのため，第 1 近似では，あなたは平坦な時空で一様に加速していることになり，

これがリンドラー座標に対応しているのである。$\rho = (一定)$ の線は、物体が一定加速度をもつ世界線になっていて、$\tau = (一定)$ の線は、加速している観測者の同時刻面を結んでいることになっている。

■ 最大拡張

ブラックホールとホワイトホールの両方を含んだ外部の座標は、マーティン・クルスカル (Martin Kruskal) とジョージ・セケレス (George Szekeres) によって発見された。その座標は、$-\infty$ から $+\infty$ まで動く光的座標 U, V と、通常の角度座標 θ, ϕ からなる。2 段階に分けて取り扱おう。まずは、光的座標を

$$u = t - r - 2m \log \left| \frac{r}{2m} - 1 \right|, \quad v = t + r + 2m \log \left| \frac{r}{2m} - 1 \right| \quad (11.19)$$

として導入する。これらはブラックホールの外部解のみ（$r = 2m$ で発散する）を表している。この座標を用いると、シュヴァルツシルト計量は次のような簡単な形になる。

$$ds^2 = -\left(1 - \frac{2m}{r} \right) du\, dv + r^2 d\Omega^2 \quad (11.20)$$

ここで、$r = r(u, v)$ は u と v の関数であるが、暗黙に、

$$v - u = 2r + 4m \log \left| \frac{r}{2m} - 1 \right| \quad (11.21)$$

と定義されている。さて、時空を過去 $u = \infty$ および $v = -\infty$ へと延長してみよう。それには、

$$U = -e^{-\frac{u}{4m}}, \quad V = e^{\frac{v}{4m}} \quad (11.22)$$

と定義すればよい。これらの座標では、計量は

$$ds^2 = \frac{32m^3}{r} e^{-\frac{r}{2m}} dU dV + r^2 d\Omega^2 \quad (11.23)$$

となる。ここで、$r = r(U, V)$ は U と V の関数であり、

$$UV = (2m - r) e^{\frac{r}{2m}} \quad (11.24)$$

と（暗黙に）定義されている。r はシュヴァルツシルト座標における半径であ

る。シュヴァルツシルト時間座標 t は，これらの座標とは次式のように関係している。

$$t = 4m \operatorname{arctanh} \frac{v - u}{v + u} \tag{11.25}$$

　　ここで行った変換を理解するには，ミンコフスキー計量が式 (3.115) の形で書き直せることを思い出せばよい。これは式 (11.23) の類推になる。座標変換 (11.22) は式 (3.116) で考えたことと同じであり，計量 (3.117) は式 (11.20) の類推になる。どちらの場合も，u, v 座標は光のつくる面で囲まれた時空のごく一部しか覆っていないが，U, V 座標は時空すべてを覆う。リンドラーくさびを抜け出すためには，$u = \infty$ の面（これは，$U = 0$ または $x = t$ である）を「通過する」か，$v = -\infty$ の面（これは，$V = 0$ または $x = -t$ である）を「通過する」必要がある。同様に，ブラックホールやホワイトホールに入るには，それぞれの地平面（シュヴァルツシルト座標が発散する面）を通過する必要がある。

■ カーター‒ペンローズ図式

　これらの座標が覆う完全に拡張された幾何構造を理解するために，動径方向と時間方向が構成する 2 次元空間を描画してみよう。そこでは，すべての点は半径 r の球面を表している。ローレンツ空間を描く便利な方法の一つは，光円錐がつねに ± 45 度で光的座標線を描くようにして変形しないようにしながら，無限時空を有限領域に圧縮することだ。この操作はつねに可能だ。結果として得られる図式は，距離は忠実に再現できないが，因果関係は忠実に再現する。この時空図は「カーター‒ペンローズ (Carter-Penrose) 図式」，「ペンローズ図式」または「共形図式」と呼ばれる。最後の名前は，角度と ± 45 度の光円錐構造を保つ等角写像が，共形変換と呼ばれることに由来する。この図式は，$\tilde{U} \in [-\pi/2, \pi/2]$，$\tilde{V} \in [-\pi/2, \pi/2]$ の二つの座標を定義し，

$$U = \tan \tilde{U}, \quad V = \tan \tilde{V} \tag{11.26}$$

として，これらを 2 次元ユークリッド面の直交座標に描くことで得られる。こうすることで，時空の全領域が四角形の内部に収められる。しかし，すでに見たように，$r = 0$ の 1 点は縮退してしまうので，r が正となる領域のみに制限し

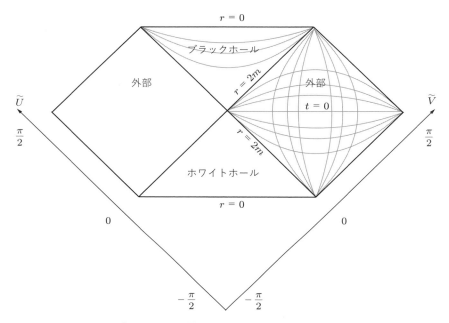

図 11.6 シュヴァルツシルト幾何構造の最大拡張で，クルスカル空間と呼ば
れるもの。ブラックホール外部に描かれた線は，シュヴァルツシル
ト座標で半径あるいは時間が一定の線である。ブラックホール内部
には，シュヴァルツシルト座標での半径が一定の線を描いている。

なければならない。こうしてできる図式が図 11.6 である。ブラックホール領
域，ホワイトホール領域，外部領域の相対的な位置が描かれている。

注目すべきことに，この幾何構造には，一つ目の外部領域から分離されてい
る二つ目の外部領域がある。この二つ目の領域には，別個の漸近的無限遠が存
在している。

$r = 0$ に近づくと量子現象が顕著になるため，古典的な一般相対性理論の妥当
性が欠けてくる。そのため，議論を r が正の領域に限定する必要がある。$r = 0$
となる二つの領域は空間的であることに注目しよう（ミンコフスキー時空では，
$r = 0$ は時間的だった）。ブラックホールとホワイトホール，そして外部領域で
構成される幾何構造は，（擬）リーマン幾何学としてシュヴァルツシルト時空か
ら得られる，最大拡張された領域である。量子論では，それを $r = 0$ を越えて

さらに拡張することができる。

■ 重力崩壊する星によって生じる物理的なブラックホール

　私たちが観測するブラックホールのほとんどは，星の重力崩壊によって形成されたと考えられている。核融合によって発生する熱が，重力によってつぶれるのを防ぐ圧力を生み出すことができなくなった結果である。

　シュヴァルツシルト解は $T_{ab} = 0$ の解であり，恒星の内部を表さない。そのため，恒星の外部のみが，上記のシュヴァルツシルト外部解によって記述される。実際の星の内部では，時空はブラックホールよりもずっと単純だ。

　図 11.7 は，重力崩壊する星の時空の共形図式である。最初は星とその外部領域しかないが，星が半径 $r = 2m$ に入ると，地平面と捕捉領域（つまり，ブラックホール）が形成される。

　ブラックホール内部では，すべての未来は $r = 0$ の領域に到達する。繰り返すが，$r = 0$ の近くでは，古典理論の妥当性が疑わしくなる。重力崩壊する星がブラックホールになる幾何構造は，必然的に量子領域に突入する。

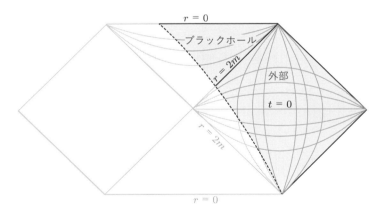

図 11.7 重力崩壊する星のまわりの幾何構造に関連する，クルスカル時空の一部分。点線は星の表面に相当する。

■ 爆発するホワイトホール

　崩壊する星の様子を時間反転させたものを，図11.8に示す。ブラックホール
が量子領域で**終わる**のに対し，ホワイトホールは量子領域から**出てくる**ことに
注意しよう。

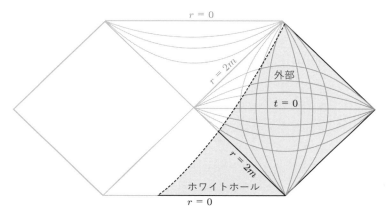

図 11.8　爆発するホワイトホールのまわりの幾何構造に関連する，クルスカ
　　　　　ル時空の一部分。点線は爆発物の表面に相当する。

　図11.7の幾何構造については，私たちの宇宙における実際の現象を描いてい
るということを示す十分な証拠がある。しかし，図11.8の幾何構造にも当て
はまる現象については，直接的な証拠はいまのところ得られていない。そのた
め，物理的なホワイトホールは，いまのところ仮想的なものでしかない。しか
し，ブラックホールの存在だって，かなり長い間そうだったのだ。

　重力崩壊した星がブラックホールになる幾何構造は，最終的に量子領域に突
入する。ホワイトホールの幾何構造は，量子領域から出現する。ホワイトホー
ルは，ブラックホールが終わるのと同じ量子領域から出現することも考えられ
る。この可能性については，量子重力を紹介する次章で触れる。

12

Elements of Quantum Gravity

量子重力の概略

　この最終章では，量子重力の美しい未解決問題を垣間見ることにする。

　古典的一般相対性理論が有効となる領域は，理論が量子的現象を含まないところまでに限られる。量子効果の強さのスケールは，プランク定数 $\hbar$ によって与えられる。$\hbar$ とニュートン定数 G，光速 c を組み合わせると，私たちは，長さ，時間，エネルギー，質量，密度の次元をつくることができ，それぞれプランク長さ，プランク時間，プランクエネルギー，プランク質量，プランク密度と呼ばれる次の量になる。

$$L_{\mathrm{Pl}} = \sqrt{\frac{\hbar G}{c^3}} \sim 10^{-33}\ \mathrm{cm}, \quad T_{\mathrm{Pl}} = \sqrt{\frac{\hbar G}{c^5}} \sim 10^{-44}\ \mathrm{s} \tag{12.1}$$

$$E_{\mathrm{Pl}} = \sqrt{\frac{\hbar c^5}{G}} \sim 10^{19}\ \mathrm{GeV}, \quad M_{\mathrm{Pl}} = \sqrt{\frac{\hbar c}{G}} \sim 20\ \mathrm{\mu g} \tag{12.2}$$

$$\rho_{\mathrm{Pl}} = \frac{c^5}{\hbar G^2} \sim 10^{93}\ \mathrm{g/cm}^3 \tag{12.3}$$

これらの定数は，量子重力現象のスケールを決める。本章ではこれらすべてが登場する。

　現在，重力の量子理論は，まだ新しい現象を予言したり，観測された現象を説明したりするほど完成してはいない。そのため，問題は未解決である。量子重力の問題に向けて精力的に研究されている理論の一つは**ループ量子重力**である[‡1]。それについて説明しよう。

[‡1] 訳者注：量子重力の理論のもう一つは，超弦理論である。ループ量子重力は 4 次元時空での重力と量子論の統合を目指すアプローチであり，超弦理論は 11 次元時空での統合を目指すアプローチである。

12.1　量子重力の経験的で理論的な基礎

■ 経験的な前提

　量子重力は，経験的に確固たる基礎づけがなされている。古典相対性理論と量子力学の大成功の数々だ。量子重力の理論は，量子理論と一般相対性理論が適用できる領域での数々の事実と矛盾しないものでなければならないし，理論として無矛盾で問題なく定義されていて，かつ，予言能力と検証可能性を備えたものでなければならない。これらはすべて難問だ。手に入る代用理論の恩恵に預かって昼寝していてはいけない。いまのところ，この目的に近づいているといえるような理論はほとんどない。

　これに加えて，私たちは，いくつかの代用理論に対して，考慮すべきあるいは破棄すべき，いくつかの**直接的な**経験的情報を手にしている。数年前まで，一般的な印象として，量子重力現象は実験で検証できる領域からはまだ遠いものと考えられていた。しかし，最近この印象はなくなった。いくつかの理由を列挙しよう。

- 素粒子加速器で到達するエネルギー（$\sim 10^4$ GeV）は，プランクエネルギー（$E_{\mathrm{Pl}} \sim 10^{19}$ GeV）からは桁違いに遠い。しかし，いくつかの素粒子実験では，E_{Pl} からそれほど離れていないような，もっと高いエネルギーの現象が検証されている。たとえば，魅力的なジョージアイ–グラショウ (Georgi–Glashow) SU(5) 理論は，理論が予言する寿命（10^{30}–10^{31} 年）以内の陽子の崩壊が観測されていないため，棄却された。スーパー・カミオカンデ実験は，陽子の寿命の下限値を $\sim 10^{33}$ 年と見積もっている。陽子崩壊は $\sim 10^{16}$ GeV のスケールで生じるもので，E_{Pl} のわずか 3 桁下である。スーパー・カミオカンデは素粒子加速器のような衝突実験装置ではない。多くの陽子をもつ水のタンクだ。素粒子を叩きつけるのだけが，高エネルギーの探査をする方法ではないのだ。

- ローレンツ不変性を破る量子重力理論については，数年前に精力的に調べられた。ローレンツ不変性を破る天体物理学的な現象の探査が盛んに行われたが，エネルギーが E_{Pl} を超えるような領域では，そのような現

象の多くは棄却される結果となった。そのため，当時提案された量子重
力理論が正しい可能性はとても低くなった。

- いくつもの研究者グループが LHC（ラージ・ハドロン・コライダー，スイスのジュネーブにある素粒子加速器）にて超対称性粒子（supersymmetric particles）が検出されることを期待していたが，LHC の実験スケールでは観測されず，多くの理論が除外されることになった。より高エネルギー領域で超対称性が出現する可能性もあるので，この結果は，それらのグループが追求していた量子重力研究の方向性が誤りであったことを示したわけではない。しかし，ベイズ確率の論理に従えば，超対称性が出現した場合に比べれば，この方向での研究が成功する確率を減らしたことは確かである。
- 12.3 節で説明するような重力に起因するエンタングルメント実験が成功すれば，幾何学はつねにあるいは巨視的に古典的である，という多くのアイデアが棄却されるだろう。
- 12.4 節で説明するループ量子宇宙論では，宇宙マイクロ波背景放射の観測から量子効果を計算できる可能性について，研究が進められている。
- 12.4 節で説明するように，ブラックホールからホワイトホールへの遷移における観測可能な現象が議論されている。ダークマター，ガンマ線バースト，高速電波バースト（fast radio burst）などがこれに含まれる。

量子重力現象の経験的証拠はまだ直接得られてはいないが，量子重力は観測とかけ離れた存在では決してないのだ。

■ 理論的根拠

ほかの物理的な場と同じように，重力場が適度な領域において量子的な特性を表すことを，私たちは期待している。しかし，量子場の理論は，固定された時空の計量構造の存在を前提としている非重力的な物理学である。このことは，通常の量子場の理論のほぼすべての方程式に該当する。重力の相対論的特性を考えに入れるのならば，その構造そのものが量子の時間発展構造になるだろう。そうなれば，量子場理論で通常使われている固定された計量の考えは撤廃され

ることになる。つまり，通常の量子場理論のほとんどは，重力の記述に適していない。この困難は，量子重力の「背景の独立性 (background independence)」問題と呼ばれる。

簡単に言い換えると，一般相対性理論は，時空の幾何学的形状に関する場の理論ではなく，むしろ，時空そのものの幾何学理論なのだ。量子重力は，時空の幾何学的形状に関する量子場理論ではなく，むしろ，時空そのものの幾何学の量子理論なのだ。これが示唆することを見ていこう。

いかなる量子理論にも共通する特有の性質は，次の三つである。

1. **離散性 (discreteness)**：多くの物理変数は，相互作用するとき離散的な値のみをとる。たとえば，電磁場は離散的な光子を通じて相互作用する。
2. **量子的重ね合わせ (quantum superposition)**：一般的な量子状態は古典的な描像と相入れず，「線形重ね合わせ」の性質をもつ。量子干渉現象がまさにその性質を表している。
3. **確率 (probability)**：理論は事象の確実な予言をせず，その確率振幅を述べるだけである。

以下では，幾何学の量子性を考えるときに，これらの性質がどのように現れてくるのかについて，簡単な例を紹介しよう。

12.2 分解：空間量子

電磁気学では，光子が量子的離散性を特徴的に示している。いわば，光子が小さいスケールでの電磁場の「粒子性」を表している。同様に，重力場も小さいスケールで粒子性をもつ。重力場は時空であるから，時空も小さなスケールで粒子性をもつ。空間の量子重力的な離散性を示す特徴的な量は，プランク長さ L_{Pl} である。

この粒子性を見るために，平坦な定数の重力三脚場 $e^i{}_a$ で表される形状の，3 次元ユークリッド物理空間の領域 R を考えよう。具体的には，四つの頂点に $A = 1, 2, 3, 4$ と名前を付けた，四面体の形状の領域を考えよう（ほかの形状を

考えても同じ結果になる）。

■ 四面体の古典形状

　四面体の（サイズも含めた）形状は，その 6 辺の長さで決まる。辺の長さは，重力場が決める関数である。便利なパラメータ表示を用いることで，これらの辺の長さが満たさなければならない不等式の取り扱いが不要になる。そのパラメータは

$$E^i{}_A = \frac{1}{2}\epsilon^i{}_{jk}\int_{\tau_A} e^j \wedge e^k \tag{12.4}$$

の量を用いて表現される。ここで，τ_A は頂点 A の対頂三角面である。物理量 $E^i{}_A$ は幾何学を表す。面に直交する四つのベクトルを表していて，長さはそれぞれの面の面積に等しい。実際，三角形 τ_A の面積が

$$A_A = |E_A| \equiv \sqrt{\delta_{ij}E^i{}_A E^j{}_A} \tag{12.5}$$

で与えられることを示すのは簡単だ[示せ！]。式 (3.107)，(3.108) と比較すると，$E^i{}_A$ は面を貫く重力的電場の流束となっていることがわかる。

　三脚場の回転を，R を回転行列として $E^i{}_A \mapsto R^i{}_j E^j{}_A$ とする。四面体の形状は，三脚場の回転に対して変化しない。ガウスの定理を用いると，

$$\sum_A E^i{}_A = 0 \tag{12.6}$$

が成立するのを簡単に示すことができる[示せ！]。四面体の三つの頂点を時計回りに A, B, C とすると，四面体の体積は，

$$V = \frac{\sqrt{2}}{3}\sqrt{\epsilon_{ijk}E^i{}_A E^j{}_B E^k{}_C} \tag{12.7}$$

となる[示せ！]。式 (12.6) より，これは，頂点の選び方によらない[示せ！]。

■ 量子的形状

　量子論では，四脚場は量子的演算子になるので，$E^i{}_a$ も量子的演算子である。

これらは SU(2) のベクトル表現で変換されるベクトルなので，SU(2) 表現をもつヒルベルト空間で作用することが期待される。ループ量子重力では，まさにこれが実現する。演算子 $E^i{}_a$ は SU(2) の生成子になっていて，SU(2) の交換関係

$$[E^i{}_{\mathrm{A}}, E^j{}_{\mathrm{B}}] = c\,\delta_{\mathrm{AB}}\epsilon_{ijk}E^k{}_a \tag{12.8}$$

を満たす。ここで，c は長さの 2 乗の次元をもつ定数であり，L_{Pl}^2 に比例する。これを通常

$$c = 8\pi\gamma L_{\mathrm{Pl}}^2 \tag{12.9}$$

とする。作用 (5.3) の詳しい正準解析（本書では省略するが）を行うと，交換関係 (12.8) は古典論のポアソン (Poisson) 括弧（の $\hbar$ 倍）を導くことが示される。この導出により，パラメータ γ が式 (5.3) で導入したバルベロ–イミジ (Barbero–Immirzi) パラメータであることがわかる。これより，これらの交換関係は，通常の量子化における仮定

$$[q, p] = i\hbar \tag{12.10}$$

と等価なものである。これは古典的なポアソン括弧（の $\hbar$ 倍）を導く式で，量子力学における基本的な量子化の仮定として，ディラックが提案した処方箋である。

　式 (12.8) の交換関係が，幾何学の量子論を定義する。これが導くものを見てみよう。

■ 面積・体積演算子のスペクトル解析

　式 (12.8) は，それぞれの A に対して，角運動量演算子として知られる SU(2) 生成子 J^i に演算子 $E^i{}_{\mathrm{A}}$ が比例していることを示している。すなわち，

$$E^i{}_{\mathrm{A}} = 8\pi\gamma L_{\mathrm{Pl}}^2 J^i \tag{12.11}$$

となっている。これより，面積演算子は，

$$A^2{}_{\mathrm{A}} = (8\pi\gamma L_{\mathrm{Pl}}^2)^2 J^i J^i = (8\pi\gamma L_{\mathrm{Pl}}^2)^2 L^2 \tag{12.12}$$

で与えられる。ここで，L^2 は SU(2) のカシミール (Casimir) 要素で，全角運動量演算子としてよく知られたものである。この演算子は離散的なスペクトル

をもち，その固有値は，$j = 0, 1/2, 1, 3/2, 2, \cdots$ として，$j(j+1)$ となる。これより，面積演算子が固有値

$$A = \frac{8\pi\hbar G\gamma}{c^3}\sqrt{j(j+1)} = 8\pi\gamma L_{\mathrm{Pl}}^2\sqrt{j(j+1)} \qquad (12.13)$$

をもつという重要な結果を得る。この公式が示唆するのは，プランク長さが量子化された物理空間の量子 (quanta of physical space) の最小サイズを与える，ということだ。

面積演算子を対角化する固有空間は，三角形 A ごとに，SU(2) の四つの表現 $V_{j\mathrm{A}}$ によってつくられる。簡単な計算により，体積演算子は面積演算子と交換関係をもつことがわかる[示せ！]。その結果，体積演算子は，有限次元空間

$$H = \otimes_{\mathrm{A}} V_{j\mathrm{A}} \qquad (12.14)$$

に作用し，その有限次元空間でそれぞれ対角化される。有限次元ヒルベルト空間であるから，体積演算子もまた離散的なスペクトルをもつ。

面積演算子と体積演算子の離散的スペクトルは，空間の離散性を物語る。物理的空間は無限に分割できるものではないのだ。面積や体積の最小測定量は有限であり，プランクスケール程度である。プランク長さは，物理空間の有限分割の特徴を表現している。

■ 空間量子

基礎的な「空間量子 (quanta of space)」は，面の面積やその体積のもつ離散的な量子数によって特徴付けられる。四面体は，古典的な幾何学では六つの量で決まるが，ここではたった五つの量しかない。面積や体積と交換する六つ目の独立な幾何学的観測量は存在しないのだ。そのため，古典幾何学を特徴付ける六つの量は，すべてが独立なのではない。

この状況は，基礎的な量子力学での角運動量と同じである。古典的な角運動量は三つの量 (L^x, L^y, L^z) で与えられるが，このうちの二つのみがたがいに対角化され，(L^z, L^2) となる。これより，$\sim\hbar$ のスケールでは，角運動量成分は離散的だが，決してすべてが独立なのではない。同様に，プランクスケールの幾何学も離散的だが，決してすべてが独立なのではない。

■ スピンネットワーク

　ループ量子重力では，時空の量子状態は，ヒルベルト空間の要素で表される。量子状態の基底は，上記の空間量子のネットワークによって与えられる。空間量子は，ネットワークのノード（頂点，node）n と，隣接するノードを結ぶリンク（連結する辺，link）ℓ を構成する。リンクは隣り合う表面 (face) を共有する。ノードとリンクは「グラフ」Γ を構成する。この基底の量子状態は

$$|\psi\rangle = |\Gamma, j_\ell, v_n\rangle \tag{12.15}$$

と書かれる。ここで，j_ℓ はそれぞれの表面 ℓ の面積を大きさにもつスピン，v_n はそれぞれのノード n の体積を表す量子数，Γ は隣接関係を表す。グラフと空間量子の間の直観的な関係を図 12.1 に示す。この状態は，**スピンネットワーク状態**と呼ばれている。

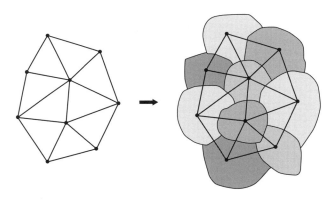

図 12.1 スピンネットワークのグラフと，それが表現する空間量子。

　量子電磁気学で n 光子の状態が基底状態であるのと同様に，これらが量子幾何学の基底状態である。

　両者の違いは，光子の状態には背景時空が存在するのに対して，スピンネットワーク状態は物理空間そのものを定義することである。このことは，関連する量子数に影響している。光子の量子数は，その運動量の固有値であり，背景物理空間での位置をフーリエ変換したものだ。スピンネットワーク状態の量子

数は，状態そのものの空間量子の面積と体積の固有値である[†1]。

12.3 時空形状の重ね合わせ

量子重力の2番目の性質，時空形状の重ね合わせを考えよう。時空の一般的な量子状態はスピンネットワーク状態ではなく，ふつうの量子論と同様に，それらの量子的重ね合わせである。時空形状は量子的重ね合わせに違いない。

実験室での実験として提案されたもの[†2]を題材に，この現象を説明しよう。この実験は，非相対論的な量子重力効果を測定することを目的としたものである。時空形状は量子的な重ね合わせとして想定し，これらの形状の量子干渉を観測するというものだ。これは**重力エンタングルメント** (gravitational entanglement)，あるいは QGEM（量子重力に起因する質量のエンタングルメント，Quantum Gravity induced Entanglement of Masses），あるいは BMV 効果（提案したボーズら (Bose *et al.*)，マルレット (Marletto)，ヴェドラル (Vedral)の頭文字）と呼ばれる。簡単なバージョンで説明しよう。

■ 重力エンタングルメント実験

この実験は，二つのナノ粒子を用いて行われるものだ。粒子はスピンと質量 m をもち，それぞれが（古典的なシュテルン‐ゲルラッハ (Stern–Gerlach) 実験のように）異なる位置の量子的重ね合わせに分割されている。時間 T ののちに両者は合成される。図 12.2 を参照せよ。

この実験では，時間 T の間，量子状態を異なる四つに分岐させている。実験のアイデアは，四つに分岐した状態のうちの一つで二つの粒子の間が小さな距離 d に保たれるように位置を調整し，粒子がたがいに重力場を感じるようにさせることだ。それぞれの粒子は，近傍の時空形状のゆがみからわずかに変位す

[†1] たとえば，次の書籍を参照せよ。C. Rovelli, '*Quantumgravity*' (2004)，あるいは，C. Rovelli, F. Vidotto, '*Covariant loop quantum gravity*' (2014).

[†2] S. Bose et al., 'Spin entanglement witness for quantum gravity', Phys. Rev. Lett., 119, 240401, 2017. C. Marletto, V. Vedral, 'Gravitationally induced entanglement between two massive particles is sufficient evidence of quantum effects in gravity', Phys. Rev. Lett, 119, 240402, 2017.

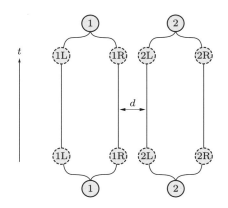

図 12.2 重力に起因するエンタングルメント実験の設定。

る。それぞれの分岐状態では，時空形状は弱い場の公式 (7.2) で近似され，

$$ds^2 = -\left(1 + \frac{2\Phi_1(x)}{c^2} + \frac{2\Phi_2(x)}{c^2}\right) dt^2 + d\vec{x}^2 \qquad (12.16)$$

となる。ここで，$\Phi_1(x)$ と $\Phi_2(x)$ は二つの粒子のニュートンポテンシャルである。粒子 1 の軌跡に沿った固有時間を考えよう。すべての分岐状態で，固有時間は，粒子の自己ポテンシャルによる影響と，相手の粒子によるポテンシャルの影響を受ける。自己ポテンシャルはいつでも同じだが，ほかの粒子によるポテンシャルは 2 粒子間の距離 d によって異なる。つまり，相手の粒子によるポテンシャルは

$$\frac{2\Phi_2(x)}{c^2} = -\frac{2Gm}{c^2 d} \qquad (12.17)$$

となる。距離 d は，一つの分岐状態では小さく，ほかの三つの分岐状態では無視できるほどになる。したがって，粒子どうしが近い分岐状態にあると，座標時間 T の間に経過した固有時間は

$$\int \sqrt{-ds^2} = \int_0^T dt \sqrt{1 - \frac{2Gm}{c^2 d}} \qquad (12.18)$$

となって，ほかの分岐状態との差は次式のようになる。

$$\delta T = \frac{Gm}{c^2 d} T \qquad (12.19)$$

つまり，固有時間はほかの分岐状態よりこの係数倍だけ短くなる（式 (7.10) と比較せよ）。粒子の量子状態は，位相 $e^{imc^2 T/\hbar}$ で時間発展する。そのため，分岐状態がふたたび合成されると，粒子二つが近づいた状態で保たれていた分岐状態では，ほかの状態にいた場合の位相とは異なる位相になる。その差は，

$$\delta\phi = \frac{mc^2 \delta T}{\hbar} = \frac{Gm^2 T}{d\hbar} \qquad (12.20)$$

である。二つの粒子が L_x についてどちらも $+$ の固有値をもち，L_z の固有値によって状態が分岐しているとしよう。分岐した状態は，

$$|\psi\rangle = (|+\rangle + |-\rangle) \otimes (|+\rangle + |-\rangle) = |++\rangle + |+-\rangle + |-+\rangle + |--\rangle \quad (12.21)$$

というテンソル状態である。2 粒子が近接している分岐状態が最後の項だとすると，時間 T のあと，

$$|\psi(T)\rangle = |++\rangle + |+-\rangle + |-+\rangle + e^{i\delta\phi}|--\rangle \qquad (12.22)$$

となる。もし $\delta\phi = \pi$ ならば，これは最大にエンタングルした状態である（初めの粒子空間状態で $|\psi(\pi)\rangle\langle\psi(\pi)|$ のトレースをとると，二つ目の粒子に対する恒等式が得られる[**示せ！**]）。このことは，スピンの測定を繰り返し，ベル (Bell) 不等式を確認することで検出可能である。もしこれらに破れが認められるならば，二つの粒子は重力ポテンシャルの影響でエンタングルされたことになる。

　もし古典的な作用のみを受けるのならば，二つの量子的自由度をエンタングルさせるのは不可能だ。そのため，エンタングルメントの検出は，重力場が量子化されていることをただちに示すものである。粒子がそうであったように，重力場も量子的な重ね合わせ状態になっていることを示すのだ。

　鍵となるのは，この実験が時空形状の重ね合わせを導くという点だ。エンタングルメントの発生は，分岐状態が違えば時空の形状が違うことに起因する。各分岐状態の時空形状は式 (12.16) で与えられるが，d は各状態で異なるからだ。そのため，もしこの効果が確認されれば，時空の形状が重ね合わせであることの実証となるだろう。

■ 非相対論的解析

重力エンタングルメント効果は，c が登場しないことから，明らかに非相対論的である。$c \to \infty$ とした極限をとったとしても，この効果は存在する。実際，非相対論的な量子力学からも，重力による引力がある距離をおいて瞬間的に作用すると考えることにより，この効果は得られる。粒子が近接している分岐状態は，ニュートンポテンシャルエネルギーの差

$$\delta E = -\frac{Gm^2}{d} \tag{12.23}$$

をもち，非相対論的な状態は位相 $\phi = e^{-iET/\hbar}$ で時間発展する。これがふたたび式 (12.20) を与える。もちろん，自然界では相互作用は瞬間的ではなく，重力場の作用も影響する。この知識は上記の結論を引き出すのに必要になる。

結局のところ，この実験は**相対論的な**量子重力の領域を検証するものではない。重力に起因するエンタングルメントの検出は，時空が量子的幾何形状の重ね合わせであることを示唆するが，これは単に，ニュートン重力ポテンシャルが時空形状の時間発展を出現させる要素であるという事実（これはすでに一般相対性理論から既知であるが）と関連しているにすぎない。

■ プランク質量

式 (12.20) は

$$\delta\phi = \frac{m^2}{M_{\mathrm{Pl}}^2}\frac{cT}{d} \tag{12.24}$$

と書けることに気づこう。cT/d は次元をもたない項で，実験の設定を特徴付ける。m^2/M_{Pl}^2 の部分は，この効果がプランク質量 M_{Pl} によって決まることを示している。このプランク質量が，質量 m の粒子が時空の重ね合わせを引き起こすスケールを決める。

今日の技術では，質量 $m \sim 10^{-11}$ g のナノ粒子を量子的重ね合わせとして生成することが可能である。それらを距離 $d \sim 10^{-4}$ cm に保つこともおそらく可能だろう。式 (12.20) に代入すると，$\delta\phi \sim \pi$ となるためには，$T \sim 1$ s の時間が必要となることがわかる。これも実験室ではまったく不可能な話では

ないだろう。そうだとすると，数年以内に，時空形状の量子的重ね合わせの効果が実験室にて検出できるかもしれない。

12.4 遷移：ブラックホールからホワイトホールへのトンネルとビッグバウンス

　時空形状の量子的時間発展は，遷移振幅で表されなければならない。ループ量子重力では，スピンネットワーク状態間の遷移振幅は，$SL(2, C)$ のユニタリ表現をもとにして与えられる。本書ではこれ以上深入りはしないが，このアイデアの応用として，時空形状の時間発展が量子確率振幅で与えられることを紹介しよう。

■ ブラックホールの遠い未来

　第 11 章にて，二つの未解決問題を示した。時空形状に量子的影響を含めた場合，ブラックホールの最終状態では何が起こるのか，および，時空形状が量子的領域から生じる場合，ホワイトホールの初期状態では何が起こるのか，という問題である。古典一般相対性理論では，これらの問題に答えることができない。これらの状況では，曲率がプランクスケールになり，古典理論は信用できなくなるからだ。

　11.2 節の終わりで，曲率がプランクの値に到達してしまう例を見た。このとき，半径は

$$r \sim \sqrt[3]{\frac{G^2 \hbar m}{c^5}} = \sqrt[3]{\frac{m}{M_{\mathrm{Pl}}}} L_{\mathrm{Pl}} \tag{12.25}$$

となる。同様に，崩壊する星は，その密度がプランク密度に到達するオーダーで量子的領域に入る。このとき，星の半径も同じ長さになる。曲率と密度は（自然単位系で）同じ大きさになるからだ。巨視的なブラックホール $m \gg M_{\mathrm{Pl}}$ では，$r \gg L_{\mathrm{Pl}}$ である（つまり，星とブラックホールは，半径がプランク長さ L_{Pl} よりもずっと大きいところで量子的状態になる）。この密度に到達する星を「プランク星」と呼ぶ。

そうなると，次に何が生じるだろうか？

　最近の研究として，一つの可能性として考えられるのは，ブラックホールの最後の段階が量子的トンネルでホワイトホールの初期状態に遷移するシナリオだ。

　この遷移を含めた時空全体のふるまいを，図 12.3 にカーター－ペンローズ図として示す。この図の白色の部分は，古典的な真空のアインシュタイン方程式を満たす部分だ（延長されたシュヴァルツシルト計量で白色部分が**大域的に**覆い尽くされていないことに，初見では**驚く**かもしれない。しかし，白色部分を**局所的に埋め込む**ことは可能である[†3]）。図の灰色の部分は，曲率がプランク領域になっていて，量子重力が関係する部分である。この領域では，古典的な

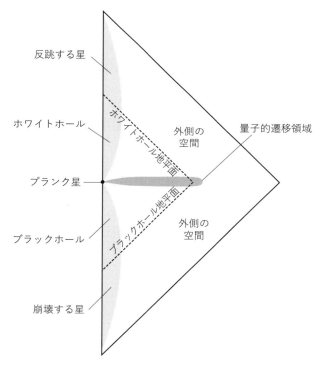

反跳する星

ホワイトホール

プランク星

ブラックホール

崩壊する星

ホワイトホール地平面

ブラックホール地平面

外側の空間

量子的遷移領域

外側の空間

図 12.3　ブラックホールからホワイトホールへの遷移。

†3　H. Haggard, C. Rovelli, 'Black hole fireworks: Quantum-gravity effects outside the horizon spark black to white hole tunneling', Phys. Rev. D, 92, 104020, 2015, arXiv:1407.0989.

アインシュタイン方程式は適用できず，遷移が生じるときの確率を計算するためには，量子的な遷移振幅を用いる必要がある。遷移振幅は，遷移する領域の境界の時空形状（を特徴付けるパラメータ）の関数である。

　ループ重力理論による遷移振幅を用いた計算は，実際に，ブラックホールのホーキング (Hawking) 蒸発の最後に向かうにつれて，遷移確率が大きくなることを示している。そのため，ブラックホールは，その蒸発の最後の段階で，ホワイトホールへトンネル効果で遷移することが可能である[†4]。

■ 量子宇宙論

　第9章で見たように，古典理論の有効性がなくなるもう一つの物理的状況は，宇宙の始まりである。ループ量子重力理論を宇宙論の発展問題に応用する分野は，「ループ量子宇宙論」と呼ばれている。量子的時間発展の近似を行うと（本書ではその説明は省くが），実効的なフリードマン方程式が導かれ，高密度領域では修正項が出てくる。式 (9.8) の代わりに，

$$\frac{\dot{a}^2}{a^2} = \frac{8}{3}\pi G \left(1 - \frac{\rho}{\rho_{\max}}\right) \rho \tag{12.26}$$

が得られるのだ。ここで，

$$\rho_{\max} = \frac{\sqrt{3}}{32\pi^2\gamma^3}\rho_{\mathrm{Pl}} \tag{12.27}$$

は，プランク密度 ρ_{Pl} のオーダーの定数である[†5]。フリードマン方程式中の宇宙項や空間曲率 k の項は，初期宇宙では無視できる。

　括弧内の2番目の項は，量子的な修正項である。この項は密度が極端に高いときに重要になるが，それは，非常に初期の宇宙で，スケールファクターの小ささが質量エネルギーを押し込めるときである。このような状況であれば，この項は重力的引力とは逆に斥力として作用し，スケールファクターを跳ね返す

[†4] たとえば，論文 E. Bianchi et al., 'White holes as remnants: A surprising scenario for the end of a black hole', Class. Quant. Grav., 35, 225003, 2018, arXiv:1802.04264, および，引用されている文献を参照せよ。

[†5] たとえば, I. Agullo, P. Singh, 'Loop quantum cosmology: A brief review', in '*100 Years of General Relativity*', World Scientific, 2017, arXiv:1612.01236.

ようになる。こう考えると，「ビッグバン」は，前世の宇宙が収縮したときに密度がプランク領域に入って「ビッグバウンス」を起こしたことで始まったことになる。このことは，宇宙マイクロ波背景放射に検出できる痕跡を残しているかもしれない。

12.5　結論：時空の消滅

　ここで挙げたいくつかの例では，量子重力の最近の研究の中でのごく一部（を，さらに部分的に）味わってもらったにすぎない。まだ未解決問題が多いこの分野の美しさを読者に少しでも感じてもらえればと思う。

　アインシュタインによる，時空幾何学が場の時間発展の現れであるという不滅の洞察は，すべての物理変数の量子的性質の発見を取り込んだとき，さらに根本的な描像を生み出すことになる。

　2.1 節で議論したような，伝統的な**関連性**による空間と時間の概念と，ニュートンが導入した空間と時間の独立性の概念の違いを思い出そう。ニュートンによる空間と時間の概念は，アインシュタインによって重力場の認識として変貌した。そして，時空の概念は，さらに量子重力における量子変数へと進展している。固定されたユークリッド幾何学だけでなく，連続的な背景幾何学という概念そのものも，単なる一つの近似にすぎなくなった。

　ハイゼンベルク (Heisenberg) は 1925 年にヘルゴランド (Helgoland) 島から戻ったとき，友人パウリ (Pauli) に手紙を送り，量子論の中心となる説明とともに，「私にとって，すべてはまだ漠然として明らかではないが，電子がもはや軌道を描いて進むことはないようだ」と書いた。「電子の軌道」の運命をたどるように，空間と時間は物理の概念的構造からは消える。量子重力では「私たちにとって，ほとんどのことはまだ漠然として明らかではないが，時空はもはやそこにはないようだ」といえる。

　しかし，量子場がそうであるように，重力場はそこにある。そして量子的性質をもち，状態間の遷移振幅を計算可能にしてくれる。

　関連性による時空という古い概念がその意味を長く保っていることも決定的

に重要だ。二つの事象が近接していると言うことができるし，同じ事象の列を
数えることができるからだ（時計がそのような装置だ）。しかし，理論には特別
な時計は存在せず，特別な場所も存在しない。あるのは，相対的に近接する物
質量子と空間量子だ。

　アインシュタインの直観の輝ける美しさは，まだまだ知識と驚きの源である。

より詳しく学ぶために

一般相対性理論に関しては膨大な文献があるが，その入り口となる書を挙げる。

一般相対性理論の概念構造に関する最良の書は，アインシュタイン自身による相対性理論の一般向けの文献（の付録5）だ。

- A. Einstein, '*Relativity: The Special and the General Theory*', http://www.relativitycalculator.com/pdfs/relativity_the_special_general_theory.pdf (Eric Baird, 1995 & 2008).

  残念なことに，付録5は，著作権の関係でいくつかの版では掲載されていない。

一般相対性理論の入門書

- R. D'Inverno, '*Introducing Einstein's Relativity*' (Oxford University Press, 1992).
- B. F. Schutz, '*A First Course in General Relativity*' (Cambridge University Press, 1985, 2009).

  【邦訳】バーナード・F・シュッツ（著），江里口 良治（翻訳），二間瀬 敏史（翻訳），『シュッツ　相対論入門』（丸善，2010）。
- J. B. Hartle, '*Gravity, An Introduction to Einstein's General Relativity*' (Addison Wesley, 2002; reissued by Cambridge University Press, 2021).

  【邦訳】ジェームズ・B・ハートル（著），牧野 伸義（翻訳），『重力 (上)(下)』（日本評論社，2016）。初版の邦訳。
- L. Ryder, '*Introduction to General Relativity*' (Cambridge University Press, 2009).
- A. Barrau, '*Relativité générale*' (Dunot, 2011).

一般相対性理論の古典的な名著

- S. M. Carroll, '*Spacetime and Geometry*' (Addison Wesley, 2004; reissued by Cambridge University Press, 2019).

- L. D. Landau, E. M. Lifshitz, '*The Classical Theory of Fields*' (Pergamon Press, 1971).

  【邦訳】エリ・ランダウ（著），イェ・エム・リフシッツ（著），恒藤 敏彦（翻訳），『場の古典論（原書第 6 版）（ランダウ＝リフシッツ理論物理学教程）』（東京図書，1978）。

- R. M. Wald, '*General Relativity*' (University of Chicago Press, 1984).

- S. Weinberg, '*Gravitation and Cosmology*' (Wiley, 1972).

一般相対性理論の演習書

- T. A. Moore, '*A General Relativity Workbook*' (University Science Books, 2012).

特殊相対性理論

- E. F. Taylor, J. A. Wheeler, '*Spacetime Physics*' (Freeman, 1992).

- A. M. Steane, '*The Wonderful World of Relativity*' (Oxford University Press, 2011).

数学

- Y. Choquet-Bruhat, '*Introduction to General Relativity, Black Holes and Cosmology*' (Oxford University Press, 2015).

- T. Frankel, '*The Geometry of Physics: An Introduction*' (Cambridge University Press, 1997, 2004, 2011).

量子と重力

- R. M. Wald, '*Quantum Field Theory on Curved Spacetime*' (Cambridge University Press, 1994).

- C. Rovelli, '*Quantum Gravity*' (Cambridge University Press, 2004).
- T. Thiemann, '*Modern Canonical Quantum General Relativity*' (Cambridge University Press, 2008).
- R. Gambini, J. Pullin, '*A First Course in Loop Quantum Gravity*' (Oxford University Press, 2013).
- C. Rovelli, F. Vidotto, '*Covariant Loop Quantum Gravity*' (Cambridge University Press, 2014).

本書で引用した歴史的な論文

- I. Newton, '*PhilosophiæNaturalis Principia Mathematica*' (Royal Society, 1687).
- C. G. Gauss, 'Disquisitiones generales circa superficies curvas', auctore Carolo Friderico Gauss, Societati regiae oblate D.8. Octob 1827.
- B. Riemann, 'Über die Hypothesen, welche der Geometrie zu Grunde liegen', ('On the hypothesis on which geometry is based'), Abhandlungen der Königlichen Gesellschaft der Wissenschaften zu Göttingen, vol.13, 1867.
- A. Einstein, 'Die Feldgleichungen der Gravitation', Sitzungsberichte der Preussischen Akademie der Wissenschaften zu Berlin, 844–7, 1915.
- A. Einstein, 'Kosmologische Betrachtungen zur allgemeinen Relativitätstheorie', Sitzungsberichte der Preussischen Akademie der Wissenschaften, 142, 1917.
- A. Friedmann, 'Über die Krümmung des Raumes', Zeitschrift für Physik 10(1), 377–86, 1922. English translation in: A. Friedmann, 'On the curvature of space', General Relativity and Gravitation 31 (12), 1991–2000, 1999.
- W. de Sitter, 'On the relativity of inertia: Remarks concerning Einstein's latest hypothesis', Proc. Kon. Ned. Acad. Wet., 19, 1217–25, 1917.

- R. Penrose, 'Gravitational collapse and space-time singularities', Phys. Rev. Lett., 14, 3, 1965.

最後の章の内容に関する技術的な文献

- S. Bose et al., 'Spin entanglement witness for quantum gravity', Phys. Rev. Lett., 119, 240401, 2017.
- C. Marletto, V. Vedral, 'Gravitationally induced entanglement between two massive particles is sufficient evidence of quantum effects in gravity', Phys. Rev. Lett., 119, 240402, 2017.
- H. Haggard, C. Rovelli, 'Black hole fireworks: Quantum-gravity effects outside the horizon spark black to white hole tunneling', Phys. Rev. D, 92, 104020, 2015, arXiv:1407.0989.
- E. Bianchi et al., 'White holes as remnants: A surprising scenario for the end of a black hole', Class. Quant. Grav., 35, no.22, 225003, 2018, arXiv:1802.04264, and references therein.
- I. Agullo, P. Singh, 'Loop quantum cosmology: A brief review', in '100 Years of General Relativity' (World Scientific, 2017), arXiv:1612.01236.

理論物理学，一般相対性理論，量子重力の一般的な考えについての一般向けの解説書

- C. Rovelli, 'Reality Is Not What It Seems' (Penguin, 2016).
- R. Gambini, J. Pullin, 'Loop Quantum Gravity for Everyone' (World Scientific, 2020).
- J. Baggott, 'Quantum Space: Loop Quantum Gravity and the Search for the Structure of Space, Time, and the Universe' (Oxford University Press 2020).

訳者あとがき

　本書は，ループ量子重力理論を牽引するカルロ・ロヴェッリによる，一般相対性理論の教科書である。著者本人の序文によれば「専門家になる野心のない人向け」とのことだが，内容は結構深く，大学の理系学部での講義内容に相当する。細かな計算は省略しているが，必要となる数式は必ず登場しており，読者はその雰囲気を正確に味わうことができるだろう。専門家を目指す学生・大学院生であれば，一通り学ぶべき内容がコンパクトなスタイルで述べられているので，便利な書ともいえる。各所でゴールを示しながら説明が展開されるので，全体像がとてもつかみやすい。一歩高いところから理論全体を俯瞰してくれるので，一通り相対性理論を学んだ人でも，腑に落ちる表現をあちこちに見つけられることだろう。

　読者は著者の名前を，一般向けの本ですでに目にしているはずだ。『世の中ががらりと変わって見える物理の本』『すごい物理学入門』といった物理の入門書から，『時間は存在しない』『世界は「関係」でできている』といった物理を超えた哲学書まで，カルロの守備範囲は広い。本書のセールスポイントは，なにより，カルロの陽気な語りがそのまま聞こえてくるような文章である。翻訳するにあたっては，熱中すると時間を忘れて語り続けてしまうような，彼の思いがそのまま伝えられるように努力した。

　全体構成は「基礎」「理論」「応用」の3部構成ですっきりしている。最終章はループ量子重力の概略を紹介するもので，ここは他書には見られない内容である。第3章の数学部分は長くて苦痛かもしれないが，微分形式を用いた記述法は，アシュテカによって開発されたループ変数を簡潔に表現し，それを用いて構築する量子重力理論へと結びつくものなので，その展開を知って読み進めるとよいだろう。

　訳稿作成の過程では，原著の数式をすべて訳者が打ち込み直す必要があった。

気がついた原著の誤りは修正している（著者も確認済み）が，原著にはない誤りが発生しているかもしれない。ご指摘いただければ幸いである。

■ 日本語で出版されている一般相対性理論の参考図書

著者は「より詳しく学ぶための」参考図書を挙げているが，日本語で入手できる書籍から，いくつかを以下に難易度別に追記する。

一般相対性理論の概説書（一般向け）

- 真貝 寿明，『現代物理学が描く宇宙論』（共立出版，2018）。
  訳者が文系学生に講義するテキストで，相対論・量子論・宇宙論を解説している。
- 安東 正樹，白水 徹也（編集幹事），『相対論と宇宙の事典』（朝倉書店，2020）。
  高校生にも理解できるレベルで編集された，1項目4ページの事典。

一般相対性理論の教科書

- 須藤 靖，『もうひとつの一般相対論入門』（日本評論社，2010）。
  初学者向けの丁寧な説明で，重力波の基礎と重力レンズも解説する。
- 須藤 靖，『一般相対論入門（改訂版）』（日本評論社，2019）。
  ブラックホール，宇宙論の章のほか，ブラックホール撮像と重力波検出の報告を受けて改訂された。
- 田中 貴浩，『相対論（基幹講座物理学)』（東京図書，2021）。
  日本の相対性理論研究を牽引する著者による，最新情報を含んだ書。
- 井田 大輔『現代相対性理論入門』（朝倉書店，2022）。
  相対性理論の微分幾何・トポロジー的な様相を中心に解説した書。
- 佐藤 文隆，小玉 英雄『一般相対性理論（現代物理学叢書)』（岩波書店，1992/2000）
  専門家を目指す大学院生向け。一般相対性理論の数理的側面をハードに解説する。

一般相対性理論の演習書

- アラン・P・ライトマン，ウィリアム・H・プレス，リチャード・H・プライス，ソール・A・テューコルスキー（著），真貝 寿明，鳥居 隆（翻訳），『演習 相対性理論・重力理論』（森北出版，2019）。
  翻訳版の付録には，最近の一般相対性理論研究の進展として，ブラックホール・宇宙論・重力波・理論の検証・拡張重力理論の五つのトピックの解説がある。

相対性理論の歴史的背景

- 真貝 寿明，『ブラックホール・膨張宇宙・重力波　一般相対性理論の 100 年と展開』（光文社新書，2015）。
  重力波初検出直前に出版された，一般相対性理論 100 年を概観する書。
- 真貝 寿明，『宇宙検閲官仮説　裸の特異点は隠されるか』（講談社ブルーバックス，2023）。
  ペンローズの特異点定理と，その後の進展を解説した書。

特殊相対性理論

- 齋田 浩見，『時空図による特殊相対性理論』（森北出版，2020）。
  図を多用した初学者向けの教科書。

トピックを限定した解説書

- 石橋 明浩，『ブラックホールの数理 その大域構造と微分幾何（SGC ライブラリ 139）』（サイエンス社，2018）。
  著者が進める時空の剛性定理などを日本語にて解説する書。
- 向山 信治，『一般相対論を超える 重力理論と宇宙論（SGC ライブラリ 170）』（サイエンス社，2021）。
  修正重力理論を解説する書。

■ 謝辞

　森北出版の鈴木遼さん，福島崇史さんには，私に翻訳の依頼をくださったこと，素訳の段階で貴重なご指摘，誤訳の修正や言い換えのご提案を多々いただいたことを感謝いたします。共訳者としてお名前を連ねるべきかと考えております。デザイナーの都井美穂子さんは，とても美しい装丁に仕上げてくださいました。多くの読者に，アインシュタインがもたらした一般相対性理論の奥深さを感じていただけることと信じています。

　2023 年 6 月

真貝寿明

索　引

著者紹介

カルロ・ロヴェッリ（Carlo Rovelli）

1956 年　イタリアのヴェローナ生まれ。

1986 年　イタリア・パドヴァ大学で博士号取得。

イタリアやアメリカの大学勤務を経て，現在はフランスのエクス＝マルセイユ大学教授。翻訳された書には『すごい物理学講義』（河出書房新社），『世の中ががらりと変わって見える物理の本』（同），『時間は存在しない』（NHK 出版），『世界は「関係」でできている』（同）など。ほかにもループ量子重力の専門書など多数執筆。

訳者紹介

真貝寿明（しんかい・ひさあき）

大阪工業大学 情報科学部 教授。

1995 年　早稲田大学大学院修了。博士（理学）。

早稲田大学理工学部助手，ワシントン大学（米国セントルイス）博士研究員，ペンシルバニア州立大学客員研究員（日本学術振興会海外特別研究員），理化学研究所基礎科学特別研究員などを経て，現職。

著書：『日常の「なぜ」に答える物理学』（森北出版）
　　　『徹底攻略微分積分 改訂版』『徹底攻略常微分方程式』『徹底攻略確率統計』
　　　『現代物理学が描く宇宙論』（共立出版）
　　　『ブラックホール・膨張宇宙・重力波』（光文社）
　　　『宇宙検閲官仮説』（講談社）
　　　『図解雑学 タイムマシンと時空の科学』（ナツメ社）
著書（共著）：『すべての人の天文学』（日本評論社）
訳書（共訳）：『演習 相対性理論・重力理論』（森北出版）
　　　　　　　『宇宙のつくり方』（丸善出版）
編集（共編）：『相対論と宇宙の事典』（朝倉書店）
　　　　　　　『天文文化学序説』（思文閣出版）

ロヴェッリ　一般相対性理論入門

2023 年 7 月 31 日　第 1 版第 1 刷発行
2023 年 9 月 20 日　第 1 版第 2 刷発行

訳者　　　真貝寿明

編集担当　福島崇史・鈴木　遼（森北出版）
編集責任　藤原祐介（森北出版）
組版　　　藤原印刷
印刷　　　　同
製本　　　　同

発行者　　森北博巳
発行所　　森北出版株式会社
　　　　　〒102-0071　東京都千代田区富士見 1-4-11
　　　　　03-3265-8342（営業・宣伝マネジメント部）
　　　　　https://www.morikita.co.jp/

Printed in Japan
ISBN978-4-627-17071-1

MEMO

MEMO

MEMO

MEMO